官能評価の計画と解析

内田 治 著

日科技連

まえがき

官能評価は人の感覚を測定器として，物の良し悪し，好き嫌いを判断する方法で，製造業，建設業，サービス業，さらには，医療の分野でも使われている．官能評価では個人のもつ感覚の違いから生まれる結果のばらつきを統計的に処理することが要求されるので，データの取り方と解析の仕方の両方を習得する必要がある．本書は官能評価におけるデータの収集方法と解析方法に焦点を当てた書物である．

本書の特徴は，例題形式でデータの解析方法を学べるようにしていることと，計算においてはExcelによる方法と統計ソフトRによる方法の両者を併記している点である．Excelはデータ処理には欠かせないツールであり，一方，本格的な統計解析にはRというフリーの統計ソフトが活用されているという状況から，この2つのツールを計算に用いる方法を紹介している．Rの使い方を掲載しているとはいえ，基本的な使い方や入手方法は割愛しているので，類書で調べていただきたい．

本書は2012年に刊行した『官能評価の統計解析』(内田治・平野綾子共著)の改訂版という位置づけでもある．

第1章では，官能評価の定義と，官能評価で使われる用語について説明している．さらに，官能評価で使われる代表的な試験方法を紹介している．また，官能評価によって得られたデータの解析に統計解析が必要となる理由を説明している．

第2章では，官能評価を実施する前段階の計画について説明している．官能評価における試料の提示順序や，評価する人の割り当ての問題を，実験計画法と呼ばれる学問の考え方を取り入れながら解説している．

第3章では，官能評価の代表的な手法である2点試験法について説明している．この試験法には嗜好型と識別型の 2 種類があり，どちらも検定と呼ばれる統計的な方法で解析することが要求されているため，その方法を解説している．

第 4 章では，1 点試験法を取り上げている．この試験法には，ある試料を 1 点だけ提示して，好きか嫌いかを問う嗜好型と，特定の試料か異なるものかを問う識別型がある．識別型は A 非 A 識別法という名称でも使われている．

第 5 章では，3 点試験法を取り上げている．この試験法も 2 点試験法や 1 点試験法と同様に，嗜好型と識別型があるが，実践の場では嗜好型の 3 点試験法はほとんど使われていないので，識別型の方法を詳細に解説している．

第 6 章では，3 つ以上の試料の中から，最も好ましいと感じる試料を選んでもらう選択法を取り上げている．

第 7 章では，試料の特性を点数で評価する方法である採点法を取り上げている．採点法の解析では平均値の比較が中心となり，そのための統計的方法を解説している．

第 8 章では順位法を取り上げている．複数の試料を比較しながら評価して，好ましいと思われる順に順位を付ける方法が順位法で，この方法で得られる順位のデータを解析するためのノンパラメトリック法と呼ばれる統計的方法を解説している．

第 9 章では，分割表と呼ばれる集計表の解析方法を紹介している．分割表は統計解析の世界では有名なデータを整理するための集計表で，官能評価のデータ解析においては活用頻度の多い表である．

第 10 章では，多変量解析などの発展的な手法をどのような場面で適用するかを紹介している．

本書が官能評価を実施する読者の一助となれば幸いである．

本書の出版にあたり，日科技連出版社の鈴木兄宏氏には大変お世話になった．ここに記して感謝の意を表する次第である．

2024 年 5 月

内　田　　治

官能評価の計画と解析

目　次

第1章

官能評価の概要

この章では官能評価の定義と，官能評価で使われる用語について説明する．さらに，官能評価で使われる代表的な試験方法を紹介する．また，官能評価によって得られたデータの解析には統計的方法を適用した統計解析が不可欠であり，その必要性を説明する．

1.1　官能評価とは

■ 感覚を使った評価

官能評価とは，人の感覚を使って，物を評価あるいは検査する方法である．官能評価は官能検査と呼ばれることもある．

人の感覚には，次の5つの感覚がある．

① 味覚
② 視覚
③ 嗅覚
④ 触覚
⑤ 聴覚

官能評価では，これらの感覚を使って，物を評価することになる．ちなみに，「車の乗り心地」なども官能評価といえる．これは総合体感と呼ばれている．

■ 官能評価の用語

官能評価では，評価する人を評価者，検査員，パネリストなどと呼んでいる．パネリストの集団はパネルと呼ばれている．評価される物は試料と呼ばれている．評価される性質は評価項目あるいは特性と呼んでいる．食品の甘さを評価する場合，評価される食品が試料，甘さが特性となる．

■ 官能評価の種類

人の感覚を使って，試料の良し悪しを評価することを目的とした官能評価を分析型官能評価という．分析型官能評価は識別型官能評価と呼ばれることもある．一方，人はどのような試料を好むのかを調査することを目的とした官能評価を嗜好型官能評価という．

分析型官能評価には基準や見本が存在する．いわゆる正解がある評価である．これに対して，嗜好型官能評価には正解が存在しないという違いがある．この違いは収集したデータを統計的に解析するときに重要な観点となる．

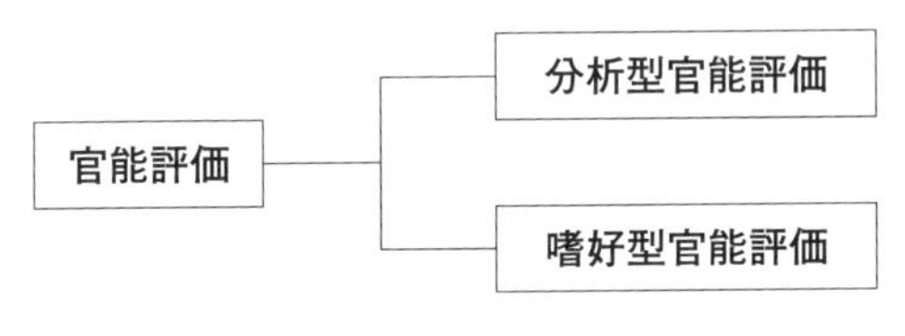

官能評価の種類

■ パネルの種類

分析型官能評価では，人が測定器の役割を果たすことになる．このため，試料(物，製品)を正確に評価する技能が必要になり，評価の前に，教育と訓練をしておく必要がある．教育や訓練をされたパネルを専門家パネルと呼んでいる．一方で，嗜好型官能評価では，試料に対する使用者の嗜好を評価することが目的となるので，評価者は試料を購入する一般の人になり，評価者に対する特別な教育や訓練を必要としない．このようなパネルを消費者パネルと呼んでいる．

分析型官能評価では，専門家パネルの評価が，「ばらついていない」ことが理想的な状態であるのに対して，嗜好型官能評価では，消費者パネルによる評価の「ばらつき状況」を調査することになる．

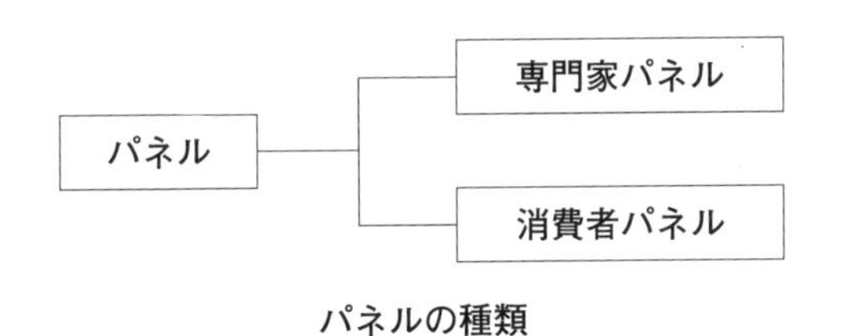

パネルの種類

ISO 8586 では，パネルを識別能力によって，次の 5 段階に分類している．

- Specified Expert Assessor
- Expert
- Selected(適正評価者)
- Initiated
- Native

1.2 官能評価の方法

1.2.1 評価方法の概要

■ 分析型官能評価の方法

分析型官能評価には次のような方法がある.

- 2 点識別法
- 1 対 2 点識別法
- 3 点識別法
- A 非 A 識別法
- 2 対 5 点識別法
- 2 点同定法
- 格付け法
- 配偶法

以上の方法にはいずれも「正解がある」という特徴があり，評価者がその正解を「当てる」ことができるかどうかを調査することになる.

■ 嗜好型官能評価の方法

嗜好型官能評価には次のような方法がある.

- 2 点嗜好法
- 3 点嗜好法
- 選択法
- 採点法

以上の方法には「正解はない」という特徴があり，評価者がどのような製品を好むかを調査していることになる.

この他に

- 順位法
- QDA 法(定量的記述分析法)

といった方法があり，分析型と嗜好型のどちらにも利用される.

1.2.2　評価方法の詳細

■ 2点識別法

2つの試料AとBを評価者に提示し，どちらが刺激(特性)をより強く感じるかを評価させる方法を2点識別法という．AとBは刺激の強さの異なる試料を与えるため，刺激の強いのはA(あるいはB)であるというように正解が存在する．この方法は評価者に識別能力(違いを見分ける能力)があるかどうか，あるいは，2つの試料に識別されるほどの差異があるかどうかを調査するときに用いられる方法である．製品検査の場合，A(あるいはB)を良品の見本として用意して，どちらが不良品かを当てさせるという使い方もされる．

この方法は，「1人の評価者にn回」，または，「n人の評価者に1回ずつ」実施され，正解した回数や人数によって，識別能力の有無，または，差異の有無を統計学的に判定することになる．

【例1】　AとBのどちらの色が濃く見えますか？

■ 2点嗜好法

2つの試料AとBを評価者に提示し，どちらの試料を好ましいと感じるかを評価させる方法を2点嗜好法という．人はどのような試料を好むかという嗜好を調査するときに用いる方法である．

この方法は「n人の評価者に1回ずつ」実施され，Aを好む評価者と，Bを好む評価者の人数に差があるかどうかを統計的に判定することになる．この結果は製品の開発や改良に利用される．

【例2】 ＡとＢのどちらのタイトルが好きですか？

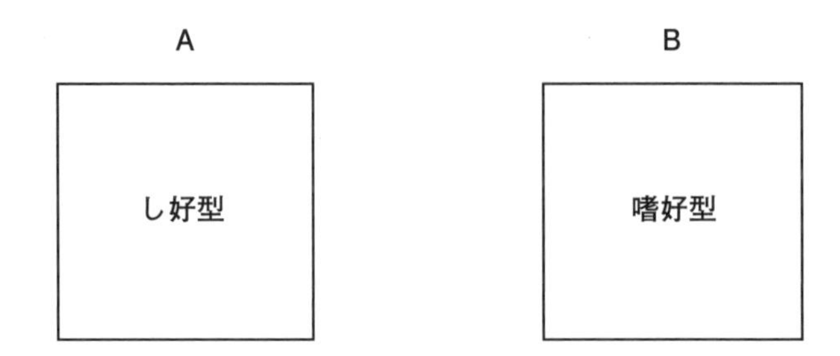

■１対２点識別法

２つの試料ＡとＢを識別するのに，ＡまたはＢの一方を標準品Ｓとして提示して，その後で，ＡとＢを提示して，どちらがＳと同じかを当てさせる方法である．

この方法は２点識別法と同様に，評価者に識別能力があるかどうか，あるいは，２つの試料に差異があるかどうかを調査するときに用いられる．２点識別法との違いは，着目する特性を指定せず，単にＳと同じ試料はＡとＢのどちらかを回答させる点にある．

【例3】 Ｓと同じものはＡとＢのどちらですか？

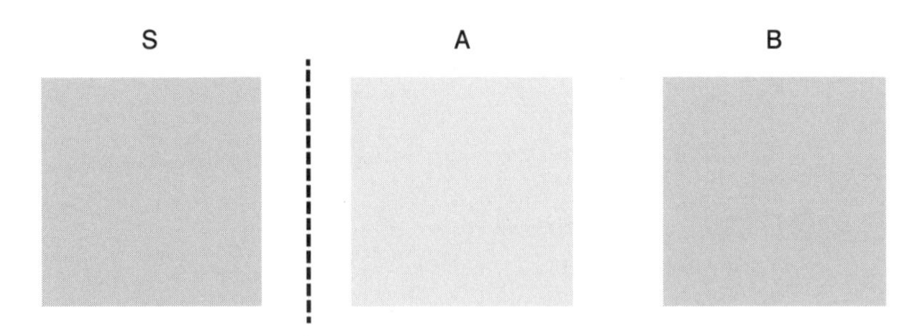

■３点識別法

２つの試料があるとき，ＡまたはＢのどちらかを２個，その２個とは異なるほうを１個，の合計３個を評価者に提示して，３個の中のどの試料が異なる１個かを当てさせる方法である．

『官能評価の計画と解析』正誤表

第 1 刷（2024 年 6 月 12 日発行）において、誤りがありました。お詫びするとともに以下のとおり訂正いたします。

2024 年 5 月 29 日　日科技連出版社

本文箇所	誤	正
p.13 の図中の左から 2 つ目の上の囲み内	量的データ	質的データ
同　下の囲み内	質的データ	量的データ

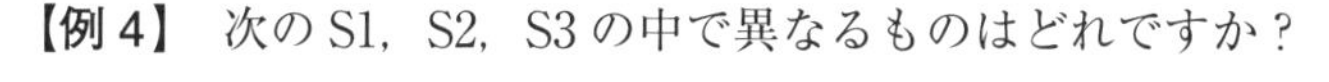

【例 4】 次の S1，S2，S3 の中で異なるものはどれですか？

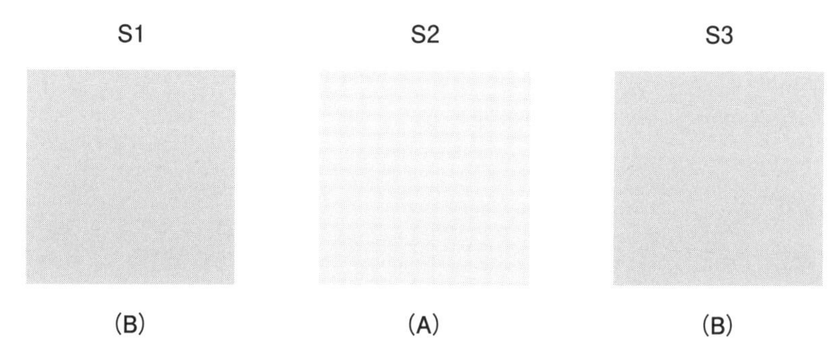

■ 3 点嗜好法

最初に 3 点識別法を行い，1 つだけ異なる試料を答えさせる．次に，その試料と残りの試料のうち，どちらが好きかを答えさせる方法である．この方法は解析方法が複雑になるため，実務の場ではあまり使われていない．

■ A 非 A 識別法(1 点識別法)

2 つの試料 A と B の一方だけをランダムな順序で評価者に提示して，A か A でないかを判断させる方法を A 非 A 識別法(1 点識別法)という．

■ 2 対 5 点識別法

2 つの試料 A と B について，2 個の A と 3 個の B の合計 5 個をランダムな順序でパネルに提示して，どの 2 個が A であるか(どの 3 個が B であるか)を判断させる方法を 2 対 5 点識別法という．一般にはこのような方法は「ふりわけ法」と呼ばれていて，2 対 5 点識別法はその中の一つである．

2 対 5 点識別法は，例えば，A を不良品として 2 個，B を良品として 3 個提示して，評価者に良品を検出する能力があるかどうかを調査するという使い方もできる．この 5 個の試料を提示する際に，5 個の中に 2 個不良品があると教えずに，5 個の中に何個か不良品が入っているので，その不良品を選び出しなさいと指示したときには「ひきぬき法」と呼ばれる試験方法になる．

■ 2点同定法

2つの試料AとBを，(A，B)，(B，A)，(A，A)，(B，B)のように組み合わせて評価者に提示して，2つの試料が同じか異なるかを答えさせる方法を2点同定法という．解析方法は複雑になる．

■ 配偶法

異なるt個($t \geqq 3$)の試料を2組提示して，評価者に同じ試料同士の組をつくらせる．このとき，正しい組合せを答えた数によって，評価者に識別能力があるかどうか，または，t個の試料に認識できる差があるかどうかを調査する方法である．

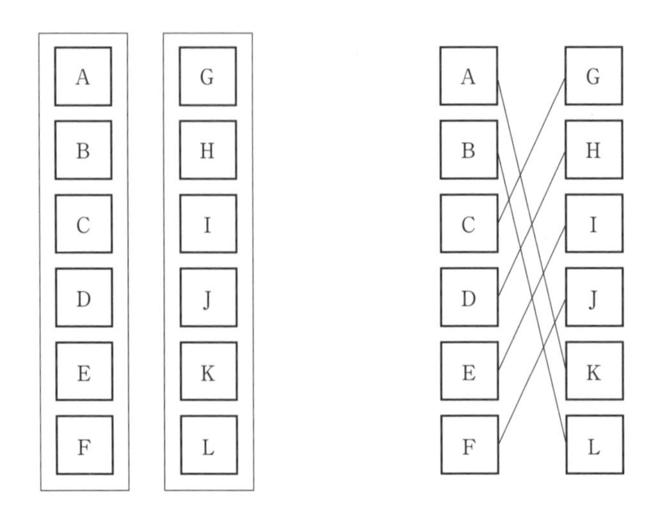

■ 選択法

異なるt個($t \geqq 3$)の試料を評価者に提示して，最も好きな試料を評価者に選ばせる方法である．評価者の嗜好を調査するときに用いられる．

この方法の応用例として，最も好きな試料と，最も嫌いな試料を一つずつ選ばせるという方法もある．このような方法はMaxDiff法(Maximum Difference Scaling)と呼ばれている．

■ 順位法

異なる t 個($t \geqq 3$)の試料を提示して，評価者の好ましいと感じる順に1位から t 位まで順位をつけさせる方法である．

例えば，5つの試料A，B，C，D，Eがあるとする．この5つの試料に好ましいと感じる順に順位を付けてもらう方法が順位法である．

A	B	C	D	E	
(　　)	(　　)	(　　)	(　　)	(　　)	←順位

好ましさだけでなく，甘さや辛さなどの強度について，強く感じる順に順位を付けてもらう場合もある．また，強度に正解があり，その正解の順位どおりに順位を付けるかどうかを調べるという識別型官能評価にも使うことができる．

提示する試料の数が多いときには，1位から最下位までのすべての順位を付けさせないで，好きな順に3位までというように，部分的に順位を付けさせる方法も用いられる．

■ 評点法

試料の特性を点数化してデータを収集する方法である．何段階に分けて，該当する段階に点数を付けさせる方法(この方法を段階評点法と呼んでいる)や，数直線を用意して，その直線上に打点して，点数を付けさせる方法がある．段階評点法の例としては次のようなものが挙げられる．

〈5段階評価の例〉

5　非常においしい
4　おいしい
3　どちらともいえない(ふつう)
2　まずい
1　非常にまずい

〈4段階の例〉

4　非常においしい
3　おいしい
2　まずい
1　非常にまずい

同じ段階評価でも次のように言葉の使い方が異なることもある.

〈5段階評価の例〉	〈4段階の例〉
5 おいしい	4 おいしい
4 ややおいしい	3 ややおいしい
3 どちらともいえない(ふつう)	2 ややまずい
2 ややまずい	1 まずい
1 まずい	

なお, 例として挙げたのは4段階と5段階であるが, この他に7段階や9段階も使われることがある. また, おいしいとまずいのように反対の用語を使っている例を示したが, 似ているかどうかなどは必ずしも反対の用語を使うわけではない. 次のような例が考えられる.

〈類似度の例〉

0 まったく同じ
1 わずかに異なる
2 異なる
3 まったく異なる

一方, 数直線上に打点させる方法もある.

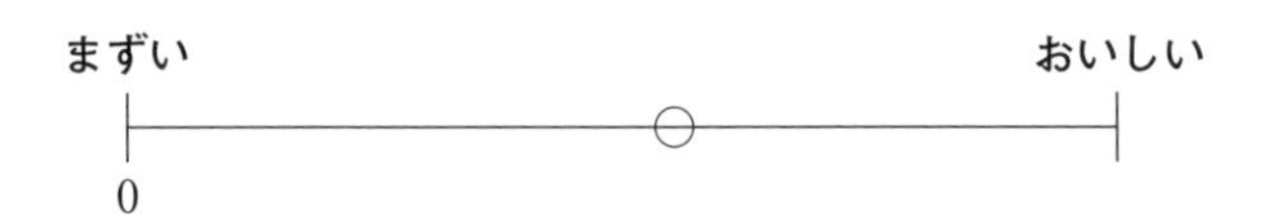

■ 格付け法

試料を何らかの基準で,「1級品, 2級品, 3級品」, あるいは,「上, 中, 下」といったように分類する評価の仕方を格付け法と呼んでいる. 先の採点法における段階評点法との違いは, 前もって数値化していない点である. このようにして収集したデータは, 例えば, 1級品を3点, 2級品を2点, 3級品を1点として採点法と同様に扱う場合と, 分類データとして扱う場合がある.

■ 一対比較法

2点嗜好法を発展させた手法として，一対比較法と呼ばれる方法がある．この方法は3つ以上の試料があるときに，好ましさの順位付けをするという目的で使われる．官能評価では，試料の種類が多くなると，試料を同時に評価するのが難しくなる．そこで，2つずつ取り上げて比較しようという考え方である．例えば，5種類の化粧水があるとき，どの順に好ましい香りがするかを決める場合，5つの化粧水を順次評価して，1位から5位を付けるという順位法は現実的には難しい判断となるであろう．一方，2つの化粧水を比べて，どちらが好ましいかは，一度に全種類を評価するよりも容易であろう．そこで，一対比較法は異なる3種類以上の試料から2つずつ取り上げて組をつくり，組ごとに2つの試料を比較しながら，どちらが好ましいかを評価する．例えば，3つの試料(A，B，C)があるとき，AとB，AとC，BとCの3組について，2点嗜好法を実施して，各組では，どちらが好ましいかを評価し，さらに，最終的には，それらの結果を総合的に評価して，A，B，Cの順位を付けるという進め方をする．一対比較法には，2つを比較したときの優劣だけを問う方法(まさに2点嗜好法)と，好ましさの差の程度を点数で評価する方法がある．優劣だけを問う方法にはサーストンの方法とブラッドレーの方法があり，この違いは主として結果の解析法の違いである．一方，差の程度を点数で評価する方法としてはシェッフェの方法がある．なお，この方法におけるデータの取り方を変えた方法を3人の日本人がシェッフェの変法として提案している．

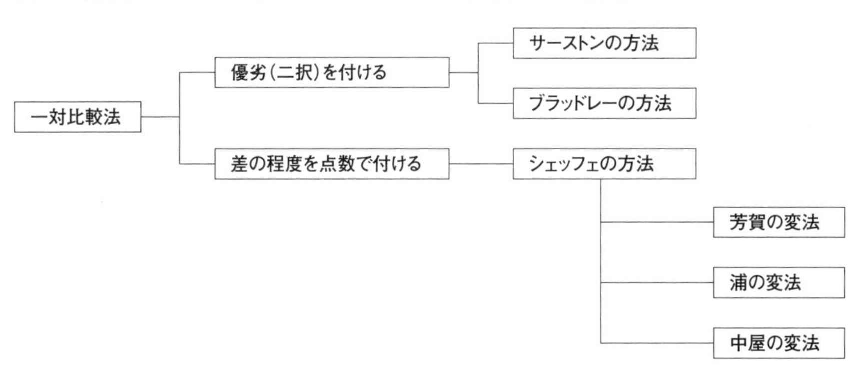

1.3　データの解析と基礎知識

■ 統計的方法の活用

官能評価によって得られたデータの解析は集計とグラフ化が基本となる．さらに，統計的法を用いた解析が必要となり，官能評価の分野で有用な手法を以下に列挙する．

① 二項検定
② 符号検定
③ 適合度検定
④ t 検定
⑤ 分散分析
⑥ ノンパラメトリック検定
⑦ χ^2 検定(カイ二乗検定)
⑧ 相関分析
⑨ 回帰分析
⑩ 多変量解析

上記の各手法を解析目的やデータの収集方法に応じて使い分けることになる．①から⑦は検定と呼ばれる手法で，正式には仮説検定あるいは有意性検定と呼ばれている．

■ 測定の尺度

データは名義尺度，順序尺度，間隔尺度，比例尺度と呼ばれる4つの測定尺度に分けることができる．測定尺度によって，適用する統計的方法を変える必要がある．

①　名義尺度

性別や血液型，出身地，職業など違いや種類を示すデータを名義尺度と呼んでいる．名義尺度には大小関係や順序関係の情報は含まれていない．名義尺度は分類尺度と呼ばれることもある．

②　順序尺度

1級品，2級品，3級品などの等級を示すデータを順序尺度と呼んでいる．また，1位，2位，3位といった順位を示すデータも順序尺度となる．さらには，例えば，非常においしい，おいしい，普通，まずい，非常にまずいといったような段階評価で得られるようなデータも順序尺度である．

順序尺度は名義尺度と異なり，種類や違いの情報に加えて，優劣や大小の情報を含んでいる．一方，等級や順位間の間隔については問題としていない．これは，1級品と2級品の差が2級品と3級品の差に等しいということを保証していないということである．

③　間隔尺度

順序尺度の性質に加えて，等間隔であることも保証されるデータを間隔尺度のデータという．重量，寸法，時間といった機器を使って測定するデータの多くは間隔尺度のデータである．

④　比例尺度

間隔尺度の性質に加えて，割り算することにも意味があるようなデータを比例尺度のデータと呼んでいる．間隔尺度と比例尺度の区別は統計的方法の適用にあたっては問題になることがないため，この2つの尺度をまとめて連続尺度，あるいは，スケール尺度と呼ぶ場合がある．

名義尺度と順序尺度のデータを質的データ，間隔尺度と比例尺度のデータを量的データと呼んでいる．質的データはカテゴリデータあるいはカテゴリカルデータ，量的データは数値データあるいは数量データと呼ばれることもある．

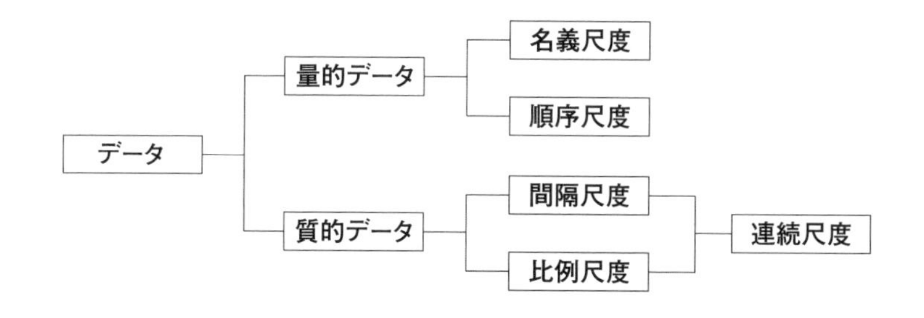

■ データの分類

データは4つの測定尺度に分けることができることは前述のとおりであるが，一方で，統計的方法の適用の観点から，特に，検定という観点から，理論的背景の関係で，データを計量値，計数値，順位値の3つに分けて考えることも行われている．計量値とは測定機器で「測る」ことで得られるデータで，小数点以下のデータも存在する．計数値とは「数える」ことで得られるデータで，0以上の整数となり，小数点以下のデータは存在しない．順位値も計数値と同様に，小数点以下のデータは存在しない．ただし，同順位のときに，例えば，2位が2人いるようなときに，2位と3位の平均をとり，2.5位として処理するのが一般的である．順位値は「比べる」ことで得られるデータである．

計量値は測定機器の精度により，小数点以下何桁までても測定できるので，連続的であるという特徴があり，計数値や順位値は1の次は2になり，1と2の間の値は存在せず，飛び飛びの値をとることから，離散的であるという特徴がある．

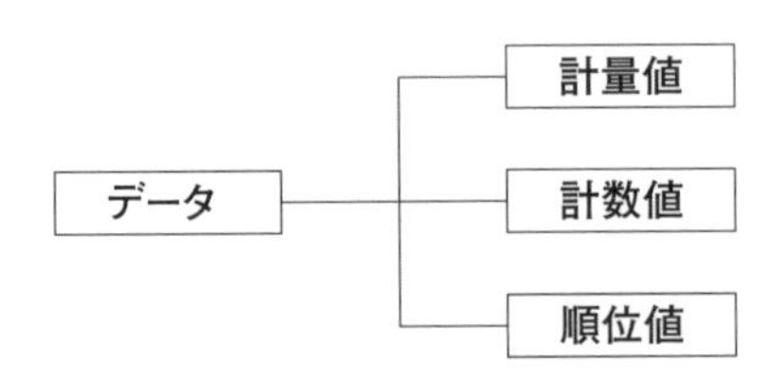

■ データの分布

検定と呼ばれる手法の適用にあたっては，理論的背景からデータの分布を想定する必要がある．計量値のデータは正規分布しているということを前提とした解析が行われるのが一般的である．

一方，計数値のデータは，好き，嫌いのような二者択一になるデータは二項分布，製品のキズの数などはポアソン分布を前提としている．

1.4　統計的方法の基礎

■ 統計解析の必要性

20 人の評価者に食品 A と B を試食してもらい，どちらがおいしいと感じるかを回答させる試験を行ったとする．結果は 12 人が A，8 人が B と答えたとしよう．この結果をグラフに表すと次のようになる．

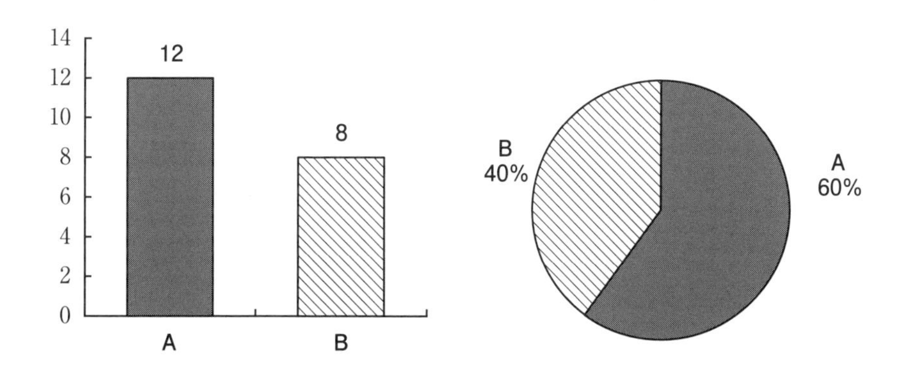

この結果から，A は B よりも好まれているという結論を即座に出すことに抵抗を感じるであろう．それは次のような疑問が生じるからである．

① この結果は 20 人の結果に過ぎない．もっと人数を増やせば，例えば，2,000 人調べれば結果は変わるかもしれない．

② 20 人を調べた結果として，A を好む人は 60%，B を好む人は 40% であったが，仮に 2,000 人調べたときに，A が 1,200 人，B が 800 人という結果であった場合，割合で表記すれば，同じく A は 60%，B は 40% となる．割合の結果は同じであっても，20 人の回答結果と 2,000 人の回答結果では，信憑性は異なるであろう．

③ 12 人と 8 人の差は誤差の範囲かもしれない．例えば，コインを 20 回投げたときに，表裏の出る確率は 50% であっても，表と裏が 10 回ずつ出るとは限らない．表が 12 回，裏が 8 回というのは，それほど不自然ではない．このような疑問に対応するために統計解析が必要となる．

■ 二項分布の話

1回の実験結果がAであるかBであるかのどちらか一方しか起こらない状況を考える.

いま，Aの起きる確率を1/2(＝Bの起きる確率を1/2)とするとき，30回の実験でAがm回起きる確率を計算してグラフに表現すると，次のようなグラフが得られる．縦軸が確率で，横軸がAの起きる回数である.

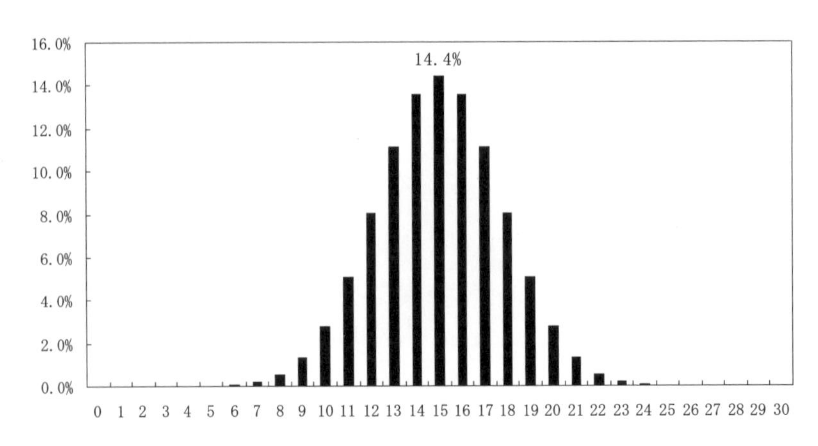

グラフを見ると，実験を30回繰り返した場合，Aが15回(＝Bが15回)起きる確率が最も大きく，その確率の値は14.4%と計算されていることがわかる．15回起きる確率が最も大きくなるということは，30×0.5 ＝ 15という計算をすることで，直感的にも納得できよう.

一方，Aが起きる回数が24回以上になる，あるいは6回以下になる確率は，ほとんど0であり，めったに起きない現象であるということもわかる.

■ 検定の考え方

統計学の世界では，めったに起きない現象と考える確率の基準を0.05以下としようというのが慣例的なルールである．この0.05という数値を検定では「有意水準」と呼んでいる．そして，めったに起きないと判断されるときに，「有意である」という言い方をする.

さて，めったに起きないと判断された，すなわち，有意であると判断されたならば，どのように考えればよいだろうか？ それは1回の実験でAが起きる確率を1/2と仮定するのは誤りであると考えるのである．このことは，Aのほうが起きやすい，あるいは，Aのほうが起きにくい(＝Bのほうが起きやすい)と判定することと同じである．このような考え方で，AとBの起きやすさが同じかどうかを確認する統計学的な方法を検定という．

さて，30人に商品AとBを提示して，どちらが好きかを答えてもらうアンケート調査を実施した場合，Aを好きと回答した人が何人以上であれば，あるいは，何人以下であれば，AとBの好ましさは異なる，すなわち，有意となるかを考えることにしよう．母集団(調査の対象とする集団)においては，好きな人と嫌いな人の割合に差がない(好きな人の割合 $\pi = 1/2$)と仮定して，確率計算をすると，30人中21人以上が好きと回答する確率は0.0214，9人以下が好きと回答する確率も0.0214となり，合計すると0.0428で，0.05以下となる．

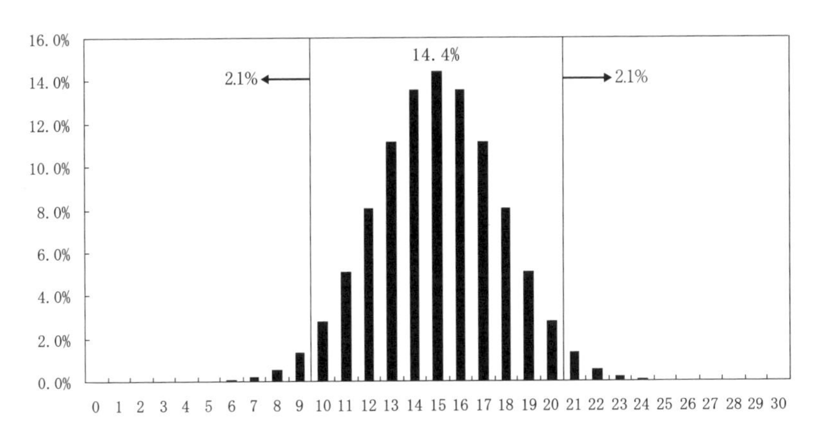

したがって，回答者が30人の場合，Aを好きと回答した人が21人以上か，9人以下のときに有意であると判定すればよい．このような検定を二項検定という．検定を行う場合，実際の場面では，P値(＝有意確率)を計算して，有意であるかどうか(差があるかどうか)を判定する．

なお，P値の計算は手計算では不可能であり，統計ソフトなどが必要となる．

P 値に基づいた結論の出し方は次のとおりである．

P 値 $\leqq 0.05$　ならば　有意である　　→差がある

P 値 > 0.05　ならば　有意ではない　→差が認められない

第2章

官能評価の計画

この章では官能評価を実施する前段階の計画について説明する．官能評価における試料の提示順序の問題や，パネルの割り当ての問題には実験計画法の知識が有効であり，この知識を取り入れながら解説する．

2.1 試験の計画

2.1.1 2点試験法の計画

■ 評価の順序

2つの試料AとBを比較することを考えよう．2つの絵画を提示して，どちらを好むかという試験の場合，2つの試料を同時に提示して，評価することができる．一方，味覚や聴覚を使った試験の場合，同時に2つの試料を評価することができず，試料を順番に評価することになる．このような場合には，試料の提示順序が評価結果に影響を与えることがある．例えば，2つのチーズAとBを食べる場合，どちらを先に食べるかによって，おいしさの評価が変化するということが考えられる．このように順番で評価するときには，Aを先，Bを後という順序で評価するパターンと，Bを先，Aを後という順序で評価するパターンを作成して試験を実施することになる．各評価者がどちらのパターンで評価するかはランダムに決める．

さて，順序をランダムに決める場合，次の2つの方法が考えられる．

① 1人ずつ(1回ずつ)試験のたびにランダムにA先B後(パターン1)かB先A後(パターン2)かを決める．

② パネル全員をn人とするとき，あらかじめ評価者をランダムに$n/2$人ずつの2つのグループに分けて，一方にパターン1，もう一方にパターン2と決める．

上記の①の場合は，各パターンの数が同じになるとは限らないことに注意されたい．なお，②の場合は実験順序も結果に影響するものとして，解析に取り上げる場合がある．②の場合を表で示すと，次のようになる．

評価の順序

パターン	先	後	人数(回数)
パターン1	A	B	$n/2$
パターン2	B	A	$n/2$

ここまでの試験方法については，2 点識別法，2 点嗜好法，1 対 2 点識別法のすべてに共通する考え方である．

■ 試料のラベル

2 つの試料 A と B を提示するとき，試料の具体的な名称(商品名など)を明示すべきではない．また，A や B というアルファベットを使う場合，1 回目の A と，2 回目の A が同じとは限らないことを評価者に教えておくとよい．

最も好ましい方法は試料に乱数の数値(整数で 2 桁から 3 桁)をラベルとして付けるのがよい．ラベルの数値は評価のたびに変えることになる．例えば，次のようにラベルを付けて提示する．

163 番の試料のほうが 214 番より好ましいと感じたのであれば，この評価者は A を好ましいと感じたと判断することになる．このようなラベリングは官能評価のどの試験方法にも共通して注意すべきことである．ここで，2 点嗜好法の回答用紙の一例を示そう．

次の 2 つの試料のどちらが好ましいと感じるか？
好ましいほうにチェックを付けてください．

試験 1	□ 351	□ 125
試験 2	□ 223	□ 687
試験 3	□ 434	□ 789
⋮	□ 874	□ 623

■ 1対2点識別法の基準試料

1対2点識別法では，最初に基準となる試料を提示して，そのあとで，2つの試料AとBを提示し，どちらが基準として提示した試料であるかを当てさせるという試験を行う．ここで，基準とする試料をAとするパターンと，Bとするパターンが考えられ，両方のパターンを用意する場合もあれば，基準は既存のよく知られた試料に固定した1つのパターンだけを用意する場合がある．

	基準となる試料		
パターン1	A	A	B
パターン2	B	A	B

上記のように2つのパターンを実施する場合，例えば，評価者を20人用意した場合を想定すると，最初に10人ずつ2つのグループに分けて，一方のグループはパターン1で実施して，もう一方のグループはパターン2で実施してもらう．さらに，各グループのAとBを評価する順序は，10人を5人ずつに分けて，一方の5人にはA先B後，もう一方の5人にはB先A後の順序で評価してもらうという実験を実施することになる．

2.1.2　3点試験法の計画

■ 試料の組合せ

3点識別法では，2つの試料AとBについて，(A，A，B)という組合せと，(A，B，B)という組合せが考えられ，組合せによって，評価結果が変化する可能性がある．このことから，両方の組合せのパターンをつくって，試験を実施するほうが望ましい．

■ 評価の順序

2点試験法と同様に，3つの試料を食べるときも，評価する順序が結果に影響を与える可能性がある．そこで，次のように組合せの違いも含めて，6通りのパターンを作成して，n 人を $n/6$ 人ずつの6グループに分け，各パターンで実験を実施するという計画が考えられる．なお，(A，A，B)の組合せと，(A，B，B)の組合せに分けたあとで，3つの試料を評価する順序は，各評価者ごとに，その都度，ランダムに決めるという方法も考えられる．

評価の順序

組合せ	パターン	1番目	2番目	3番目	人数(回数)
AAB	パターン1	A	A	B	$n/6$
	パターン2	A	B	A	$n/6$
	パターン3	B	A	A	$n/6$
ABB	パターン4	B	B	A	$n/6$
	パターン5	B	A	B	$n/6$
	パターン6	A	B	B	$n/6$

2.1.3　1点識別法の計画

■ Aと非Aの数

1点識別法はA非A識別法とも呼ばれ，試料を1点だけ提示して，その試料がAかAでないかを当てさせるという試験である．ある一人の評価者に識別能力があるかどうかをこの方法で調べる場合，一人に複数回の試験を実施することになるが，Aと非Aの提示回数は同じでも，同じでなくてもよい．また，何回がAであるかを事前に教える必要もない．一方，複数の評価者に1人1回ずつ提示する試験のときは，Aを提示するグループと，非Aを提示するグループの人数は同じにするのが一般的であろう．

■ 非Aの内容

AかAでないかを当てさせる試験において，Aでないものとしては，試料Bというように1つの試料に固定するのが原則であるが，Aでないものとして，BのほかにもCを用意するという試験方法も考えられる．

2.2 実験計画法の利用

2.2.1 一元配置実験

■ 実験計画法で用いる用語

官能評価の中でも採点法によるデータの収集や解析の計画を立てるときは，実験計画法の知識が必須である．ここで，実験計画法で用いられる用語について，整理しておこう．

実験時に意図的に変えるものを因子と呼んでいる．複数の種類のケーキのおいしさを比べる実験を考えるとき，ケーキの種類は因子となる．そして，比べる評価項目を特性と呼んでいる．おいしさを比べるのであれば，おいしさは特性である．用意するケーキの種類の一つひとつを水準といい，種類の数を水準数という．実験で取り上げる因子が1つのときの実験を一元配置実験，2つのときの実験を二元配置実験と呼んでいる．

■ 実験の計画

4種類のケーキのおいしさを評価してもらう官能評価の実験を考える．ここでは12人の評価者を集めることができるとしよう．このような状況下では，最初に評価者の12人を4つのグループに分ける．通常は同数ずつに分けるので，ランダムに3人ずつのグループに分けることになる．そして，各グループに1種類ずつケーキを食べてもらう．どのグループがどのケーキを食べるかはくじ引きで決める．このような実験を一元配置実験という．

ケーキ1	ケーキ2	ケーキ3	ケーキ4
評価者1	評価者4	評価者7	評価者10
評価者2	評価者5	評価者8	評価者11
評価者3	評価者6	評価者9	評価者12
↑	↑	↑	↑
グループ1	グループ2	グループ3	グループ4

2.2.2 二元配置実験

■ 実験の計画

先の一元配置実験では，各評価者は全員が一つだけケーキを評価している．例えば，評価者1という人はケーキ1を評価するだけで，他の3つのケーキの評価は行っていない．そこで，全員がどのケーキも評価する実験方法を考える．どのケーキも3個ずつ用意できるとしたら，評価者は3人となるし，逆に，3人の評価者を用意することができるとしたら，どのケーキも3個ずつ用意することになる．ケーキを食べる順番は評価者ごとにランダムに決める．

	ケーキ1	ケーキ2	ケーキ3	ケーキ4
評価者1	①	③	②	④
評価者2	②	①	④	③
評価者3	②	④	①	③

表中の丸数字は評価者ごとの食べる順序を表している．このような実験を二元配置実験という．因子がケーキの種類と評価者の2つになる．ケーキの種類は4水準，評価者は3水準である．ここで，ケーキの種類も評価者もどちらも因子であるが，実験に取り上げる目的は異なることに注意してほしい．どの水準が好ましいか，水準の優劣を決めるために取り上げる因子を制御因子(あるいは固定因子)と呼んでいる．どのケーキが好ましいかを決めたいと考えているので，ケーキの種類は制御因子である．しかし，評価者という因子は，好ましい評価をしてくれる人を見つけるために取り上げているのではなく，人による好みの違いが誤差に入らないようにするため，あるいは，評価者による評価のばらつきの大きさを調べるために取り上げている因子で，このような因子を変量因子と呼んでいる．特に，評価者のような因子はブロック因子と呼ばれていて，ブロック因子を含む実験を乱塊法と呼んでいる．また，全パネルが全試料を評価するような実験を完備型実験と呼んでいる．

■ ラテン方格法

先の実験におけるケーキ1を見ると，3人とも実験の前半で評価し，ケーキ4は実験の後半で評価している．このような違いが生じないような計画を考えてみよう．そのためには，まずはケーキの種類の数と同じ数の評価者を用意する．ケーキが4種類あるときには，評価者も4人用意する．そして，評価する順番をランダムにするのではなく，次のように決めてしまう．

	ケーキ1	ケーキ2	ケーキ3	ケーキ4
評価者1	①	②	③	④
評価者2	②	③	④	①
評価者3	③	④	①	②
評価者4	④	①	②	③

上記のようにすると，どのケーキもあらゆる順番を経験することになる．こうした実験の計画方法をラテン方格法という．4つのどの方向から見ても，①から④が配置されているという特徴がある．

さて，上記の場合，①のあとは②，②のあとは③，③のあとは④というパターンが3回も登場しているので，下記のようにすると，さらに良い計画となる．

	ケーキ1	ケーキ2	ケーキ3	ケーキ4
評価者1	①	②	③	④
評価者2	②	④	①	③
評価者3	④	③	②	①
評価者4	③	①	④	②

■ 繰り返しのある二元配置実験

因子を2つ取り上げて，どちらも制御因子であるというときには，因子の組合せ効果を考える必要がある．例えば，因子として，ケーキの種類と，一緒に飲む飲料の種類を取り上げたとしよう．どのケーキを好ましく感じるかが，一緒に飲む飲料によって変化することが考えられるであろう．ケーキ1のときには紅茶が合うが，ケーキ2のときにはコーヒーが合うというように，組合せによって，好ましさが変化することが考えられる．このような組合せ効果を実験計画法では交互作用と呼んでいる．交互作用があるかないかを調べるには，同一条件で繰り返した実験が必要となる．例えば，次のようにケーキと飲料の組合せで2回ずつ評価するのである．ここで，繰り返しの回数は2回でなくてもよく，2回以上であればよい．

	ケーキ1	ケーキ2	ケーキ3	ケーキ4
紅茶	●	●	●	●
	●	●	●	●
コーヒー	●	●	●	●
	●	●	●	●

上記のような場合，同一の評価者が同じ組合せで2回評価するのではないことに注意されたい．同じ組合せの2回は評価者を変えることになる．したがって，4(ケーキの種類の数)×2(飲料の数)×2(繰り返し数)の16人の評価者を用意して，どの組合せの評価を担当するかはランダムに決めるのである．

	ケーキ1	ケーキ2	ケーキ3	ケーキ4
紅茶	評価者1	評価者4	評価者5	評価者13
	評価者3	評価者15	評価者10	評価者7
コーヒー	評価者12	評価者16	評価者6	評価者14
	評価者11	評価者2	評価者9	評価者8

2.3　いろいろなデータの評価方法

2.3.1　相対比較と絶対比較

■ 2つの試料の比較

2種類の試料AとBがあるとする．試料の好みを評価する場合，2つを比べて，評価する方法を相対比較，各試料を個別に評価する方法を絶対比較という．ここでは，試料として飲料水を想定して，評価者がAもBも評価するときに，考えられる複数の評価方法を紹介する．

＜評価方法①＞　AとBでは，どちらがおいしいですか？　□A　□B

＜評価方法②＞　AとBを比べて，

AはBよりも非常においしい	2
AはBよりもおいしい	1
AとBにおいしさに差はない	0
BはAよりもおいしい	−1
BはAよりも非常においしい	−2

＜評価方法③＞

Aについて	□おいしい	□まずい
Bについて	□おいしい	□まずい

＜評価方法④＞

Aについて	5	4	3	2	1
Bについて	5	4	3	2	1
	非常に おいしい	おいしい	普通	まずい	非常に まずい

上記の①と②は相対評価で，①は2点嗜好法，②は採点法(段階評価)である．一方，③と④は絶対評価で，③は1点嗜好法，④は採点法である．これらのどの方法が最も良いかと考えるのではなく，さまざまな評価方法を実施して，総合的に判断するのがよいであろう．

■ 3つ以上の試料の比較

3種類の試料A，B，Cがあるとする．どの試料が最も好ましいかを決めるときに，2つのときと同様に以下に示すようなさまざまな方法が考えられる．

＜評価方法①＞　A，B，Cの中で，どれが最もおいしいですか？　□A　□B　□C

＜評価方法②＞　A，B，Cについて，おいしい順に順位を付けてください．

A	B	C
(　　)位	(　　)位	(　　)位

＜評価方法③＞

Aについて	□おいしい	□まずい
Bについて	□おいしい	□まずい
Cについて	□おいしい	□まずい

＜評価方法④＞

Aについて	5	4	3	2	1
Bについて	5	4	3	2	1
Cについて	5	4	3	2	1
	非常におおいしい	おいしい	普通	まずい	非常にまずい

2つのときも，3つ以上のときも，得られるデータの解析方法は，どの評価方法を用いるかで変化することに留意し，解析方法を適切に使い分けなければならない．

2.3.2　一対比較法

■ シェッフェの方法

3種類以上の試料があるときに，好ましさの順に1位，2位，……，と順位を付ける評価方法は順位法と呼ばれるが，3つ以上の試料を順次評価して，最後に順位を付けるのは，試料の数が多くなるのに従って，順位付けは難しくなる．一方，2種類の試料の比較は容易であろう．そこで，評価の対象としている試料から2つずつ取り上げて，すべての組合せについて，2点ずつ比較して，最終的に各試料の順位を決める方法が一対比較法である．ここでは，一対比較法の一つであるシェッフェの方法を取り上げて，一対比較法の進め方を説明する．

いま，説明を簡素化するために，比較する試料の種類をA，B，Cの3種類とする．このとき，2つずつの組合せは次の3通りとなる．

A 対 B
A 対 C
B 対 C

さらに，組合せごとに，評価する順序がAを先でBを後と，Aを後でBを先というように2通りずつ，全部で6通りの2点比較を実施する．

① A 対 B (A 先 B 後)
② A 対 B (A 後 B 先)
③ A 対 C (A 先 C 後)
④ A 対 C (A 後 C 先)
⑤ B 対 C (B 先 C 後)
⑥ B 対 C (B 後 C 先)

いま，仮に30人の評価者を用意したとすると，ランダムに5人ずつ6つのグループに分けて，第1グループは①の評価，第2グループは②の評価というように，各グループに一つずつの評価を実施してもらうという進め方をするのがシェッフェの一対比較法である．シェッフェの方法では，評価者は各人が1回だけ2点の比較をすることになる．すなわち，上記の①で評価をした人は②から⑥を評価しない．また，シェッフェの方法は次のように2点の比較を採点法で行う．

AはBに対して	非常においしい	2
	おいしい	1
	同じ	0
	まずい	−1
	非常にまずい	−2

採点の結果は分散分析と呼ばれる統計的方法で解析され，試料間に差があるかどうか，組合せ効果があるかどうか，順序効果があるかどうかということを検証する．

■ 3 つの変法

シェッフェの方法は試料を評価するときに順番がある場合を想定しているが，2 枚の絵を見比べて，どちらを好むかというような試験のときには，2 枚の絵を同時に見比べることができるので，提示順序を考える必要がなくなる．このときには A 対 B，A 対 C，B 対 C は 2 通りに分かれず，それぞれ 1 通りとなる．したがって，先の 30 人を例にとれば，このようなときには評価者の数は半分の 15 人となる．この方法を「芳賀の変法」と呼んでいる．

さて，シェッフェの方法は一人が 1 回だけしか評価しなかったが，すべての評価者の各人が，すべての 2 点比較を実施するという計画がある．このときの評価者の数はシェッフェの方法で 30 人を必要とすると，その 6 分の 1 で 5 人となる．この方法を「浦の変法」と呼んでいる．

浦の変法と同様に，各評価者がすべての比較を実施し，さらに，提示順序を考えない方法を「中屋の変法」と呼んでいる．

		評価回数	順序効果
原法	シェッフェ	1 回	あり
変法	芳賀	1 回	なし
	浦	すべての組	あり
	中屋	すべての組	なし

ここまで，シェッフェの一対比較法と 3 つの変法について説明してきたが，順序効果や組合せ効果とデータの取り方の関係は，一対比較法に限らず，官能評価の基本となる内容である．

ところで，採点するのではなく，優劣だけ評価してもらう一対比較法もあり，それはサーストンの方法あるいはブラッドレーの方法と呼ばれるものである．

2.4　評価者の管理

2.4.1　評価者の分類

■ 評価の目的による分類

官能評価は分析型官能評価と嗜好型官能評価に分かれるが，このことに対応して，分析型官能評価に使われる評価者の集まりを専門家パネル，嗜好型官能評価に使われる評価者の集まりを消費者パネルと呼んでいる．

この分類に対して，評価者をⅠ型パネルとⅡ型パネルに分けることがある．Ⅰ型パネルとは人の感覚によって，対象物の状態を知ることを目的としたパネルで，パネルは測定機器の役割をする．Ⅱ型パネルとは人の感じ方を知ることを目的としたパネルである．専門家パネルはⅠ型パネルの例であり，消費者パネルはⅡ型パネルの代表例といえる．

このように記述すると，専門家パネル＝Ⅰ型パネル，消費者パネル＝Ⅱ型パネルと理解できそうであるが，完全にイコール(同じ)というわけではない．例えば，製品の出荷検査時に，外観検査があるものとしよう．キズがないか，色はねらいどおりかなどを人の感覚で評価することになるが，この検査を担うのは専門家パネルであり，目的から考えて，Ⅰ型パネルである．一方，外観の色の2点識別法を取り上げてみよう．この試験を専門家パネルに識別能力があるかどうかを調べるために実施するのであれば，Ⅰ型パネルであるが，改良した製品の色が従来の製品と比べたときに，改良した効果を識別できるかの差異が出ているかどうかを調べるために実施するのであれば，人の感じ方を調査していることになり，Ⅱ型パネルの性格をもつことになる．

■ パネルの教育

Ⅰ型パネルに属する専門家パネルは，人の感覚が測定機器の役割を果たすことになる．したがって，測定機器の精度を維持するための管理と訓練は，官能評価において，解析活動以上に重要な活動である．

2.4.2 評価者の分析

■ MSA(測定システム分析)

データの解析は測定されたデータが信頼できるという前提で行われる．したがって，データの信頼性を確保することが最重要となる．このことは専門家パネルによる官能評価においても同じで，専門家パネルに識別能力があるかどうかということに加えて，製品を正確に測定できているかを検証し，管理する必要がある．測定における誤差(ばらつき)を定量的に評価する解析方法にMeasurement System Analysis(測定システム解析)と呼ばれる方法があり，頭文字をとって“MSA”と呼ばれている．国際的な品質保証システムの規格であるISOに似たIATF 16949という規格では，適切な統計的方法を活用して測定システムを分析することを要求している．MSAでは測定について，偏り(基準からの差)，安定性，直線性，繰返し性，再現性といった内容を統計的に解析する．このMSAの考え方は官能評価における評価者の管理にも大いに役立つものである．

■ 安定性の検証

1人の評価者が，同じ製品の同じ特性について時間をおいて評価したときに，評価結果がどの程度ばらつくかを見るのが安定性の検証である．いま，ある一人の評価者Wがある製品の酸味の強さを7段階で評価したとする．これを毎日4回ずつ5日にわたって，同じ製品を評価したとして，次のような結果が得られたときに，平均値の推移が安定しているかどうかを調べるのである．

	1回目	2回目	3回目	4回目	平均値
1日目	6	6	5	6	5.75
2日目	6	6	6	5	5.75
3日目	7	6	6	7	6.50
4日目	6	5	6	5	5.50
5日目	6	6	6	7	6.25

■ 直線性の検証

評価者の評価の仕方が直線的に変化をしているかどうかを調べるのが直線性の検証である．例えば，塩分を等間隔で増加させた製品について，酸味の強さを評価者 W と Z が 7 段階で評価したとする．その結果が次のように得られたとしよう．

評価者 W

	1mg	5mg	9mg
1 回目	1	3	5
2 回目	2	3	7
3 回目	2	3	7
4 回目	2	4	6
平均値	1.75	3.25	6.25

評価者 Z

	1mg	5mg	9mg
1 回目	1	1	5
2 回目	2	2	7
3 回目	2	3	7
4 回目	2	2	6
平均値	1.75	2.00	6.25

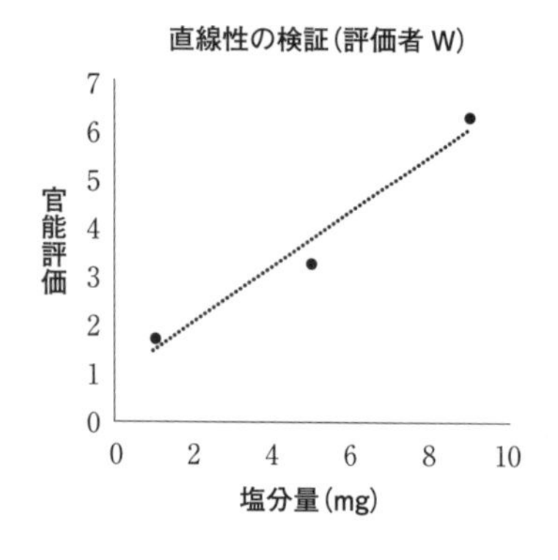

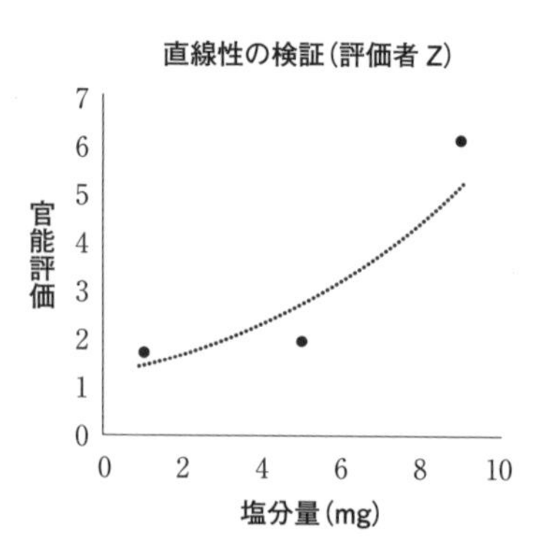

評価者 W のほうが Z よりも直線的であることがわかる．

■ 繰返し性の検証

1人の評価者が，同じ製品の同じ特性について繰り返して評価したときに，評価結果がどの程度ばらつくかを見るのが繰返し性の検証である．例えば，評価者Wに，同じ製品を酸味の強さについて，5回評価してもらったところ，次のような結果が得られたとしよう．

1回目	5
2回目	6
3回目	7
4回目	6
5回目	6

このばらつきの大きさを見るのが繰返し性の検証であり，いわゆる「測定誤差」である．

■ 再現性の検証

異なる評価者が，同じ製品の同じ特性を複数回測定したときの各測定者の平均値の変動を見るのが再現性の検証である．例えば，3人の測定者(W，X，Y)が塩分を1mg，2mg，3mgと含んだ製品の酸味の強さを3回ずつ測定したとき，測定者ごとの平均値の変動を見るのが再現性の検証である．

	塩分	1mg	2mg	3mg
W	1回目	4	5	7
	2回目	4	6	7
	3回目	5	6	7
X	1回目	3	4	7
	2回目	4	5	6
	3回目	4	5	7
Y	1回目	4	5	6
	2回目	4	4	5
	3回目	3	5	5

再現性(測定者間のばらつき)と繰返し性の両方を分析する手法として，ゲージR＆Rと呼ばれる方法がある．

第3章

2点試験法

この章では２点試験法について説明する．この試験法には嗜好型と識別型の２種類がある．どちらも検定で解析することが基本的な解析となる．嗜好型と識別型の違いと，解析方法の違いを解説する．

3.1　2点嗜好法の解析

■ 2点嗜好法

2つの試料AとBをパネル(人)に提示し，どちらが好ましく感じるかを評価させる方法を2点嗜好法という．人はどのような試料を好むかという嗜好を調査するときに用いる方法である．この方法はn人のパネルに実施して，どちらの試料を好むパネルが多いかを統計的に判定する．

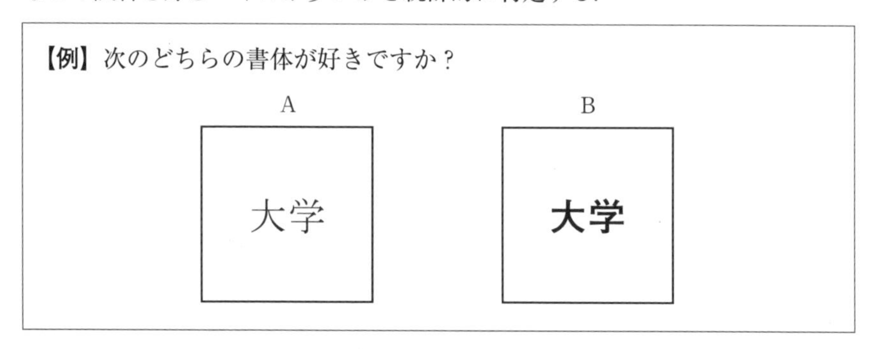

■ 2点嗜好法と二項分布

2点嗜好法では，試料Aを好むかBを好むかのどちらか一方しか選択しない状況を考えている．いま，Aを選択する確率を0.5(＝Bを選択する確率も0.5)とするとき，30人中Aがm人に選択される確率を計算してグラフに表現すると，次のようなグラフが得られる．このような分布を二項分布という．

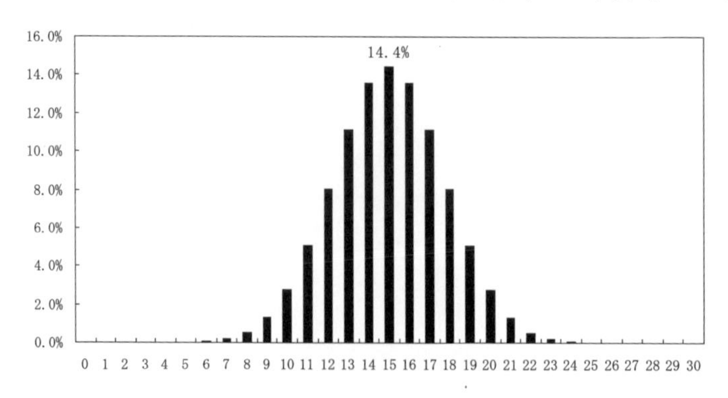

このグラフは**第1章**の**1.4節**でも説明しているが，縦軸を確率，横軸をm(Aを選択する人数)としている．グラフを見ると，Aが15人(＝Bが15人)に選択される確率が最も大きく，その確率の値は0.144(14.4%)と計算されている．15人のときの確率が最も大きくなるということは，30×0.5＝15という計算をすることで，直感的にも納得できよう．

一方，Aを選択する人が25人以上になる，あるいは5人以下になる確率は，ほとんど0であり，めったに起きない現象であるということがわかる．

■ 2点嗜好法と二項検定

2点の試料AとBを比較して，好ましいほうを選択させる2点嗜好法のときは，Aの母選択率π_AとBの母選択率π_Bが等しいかどうかを検定するのが一般的であり，これは，Aの母選択率π_Aが1/2(＝0.5)といえるかどうかを検定することと同じになる．母選択率とは母集団全体を調査したと仮定したときの選択率のことである．このようなときには，二項検定を使うことになる．

いま，Aの母選択率とBの母選択率に差がない，すなわち，Aの母選択率$\pi_A = 1/2$と仮定して確率計算をすると，30人中21人以上がAと回答する確率は0.0214(2.14%)，9人以下がAと回答する確率も0.0214(2.14%)となり，合計すると0.0428(4.28%)で，両方を合わせた確率は0.05(5%)以下となる．検定における有意水準αを0.05とすると，回答者が30人の場合，Aと回答した人が21人以上または9人以下のときに「Aの母選択率は1/2ではない」あるいは「AとBの母選択率に差がある」と判定すればよい．

■ 帰無仮説・対立仮説・*P*値

二項検定は統計的仮説検定と呼ばれる検定手法の一つである．仮説検定では，最初に帰無仮説H_0と対立仮説H_1を設定する．そして，帰無仮説H_0が正しいと仮定したときに，現実に得られたデータがどの程度の確率で生じるかという値を計算して，帰無仮説H_0を棄却するかどうか判定するという進め方をする．この確率の値をP値(有意確率)と呼んでいる．

一般に，有意水準を α とするとき，次のように判定する．

> P 値 $\leqq \alpha$ の場合：帰無仮説 H_0 を棄却する．
> 　　＝有意差あり（有意である）
> P 値 $> \alpha$ の場合：帰無仮説 H_0 を棄却しない．
> 　　＝有意差なし（有意ではない）

なお，検定における有意水準 α は 0.05（5%）とするのが一般的である．

■ 2点嗜好法と仮説の設定

2点嗜好法の帰無仮説 H_0 は次のとおりである．

帰無仮説 H_0：母選択率 $\pi_A = 1/2$ 　$(\pi_A = \pi_B)$

対立仮説は次の3通りが考えられる．

対立仮説 H_1：母選択率 $\pi_A \neq 1/2$ 　$(\pi_A \neq \pi_B)$

対立仮説 H_1：母選択率 $\pi_A > 1/2$ 　$(\pi_A > \pi_B)$

対立仮説 H_1：母選択率 $\pi_A < 1/2$ 　$(\pi_A < \pi_B)$

「≠」の場合を両側仮説，「＞」または「＜」の場合を片側仮説と呼び，両側仮説の検定を両側検定，片側仮説の検定を片側検定という．

2点嗜好法ではAの母選択率 π_A が 1/2（＝50%）と異なるかどうかが興味の対象となるので，対立仮説は，次のようになる．

対立仮説 H_1：母選択率 $\pi_A \neq 1/2$

■ 例題 3.1

40 人のパネルに 2 つの食品 A と B を対で与え，好ましい(おいしい)と感じるほうを答えさせたところ，次のような結果が得られた.

　A のほうが好ましい　25 名

　B のほうが好ましい　15 名

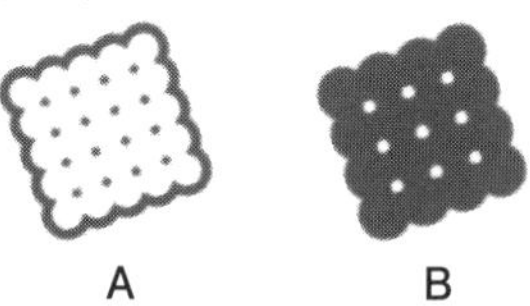

A と B の好ましさには，差があるといえるか.

■ データのグラフ化

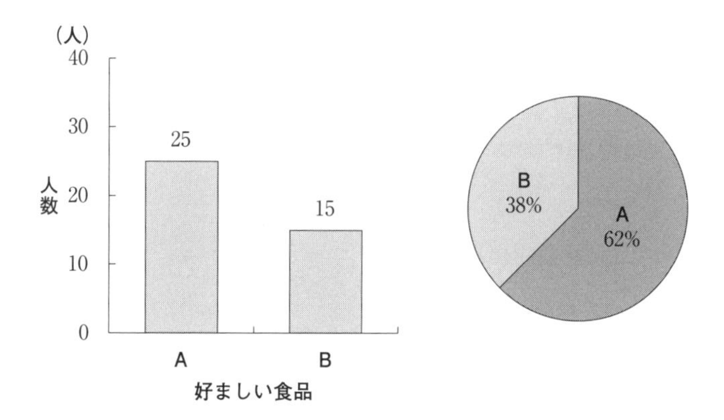

2 点試験法の集計結果のグラフ化は，円グラフや棒グラフを用いるとよい. グラフを見ると，A のほうが好ましい人は 62%，B のほうが好ましい人は 38 %で A を好む人のほうが多い.

■ 仮説の設定

帰無仮説 H_0：母選択率 $\pi_A = 1/2$　← 好ましさに差がない

対立仮説 H_1：母選択率 $\pi_A \neq 1/2$　← 好ましさに差がある

■ Excel による解析

以下のように集計結果と関数を入力する.

	A	B	C
1	A	25	
2	B	15	
3	合計	40	
4			
5	P値	0.1539	
6			

セル B5：**=BINOM.DIST(MIN(B1:B2), B3, 1/2, 1)*2**

二項検定を実施するには **BINOM.DIST** を用いる. 関数の形式は次のとおりである.

```
= BINOM.DIST( 少ないほうの数 , 合計数 , 想定する母選択率 ,1)*2
```

■ R による解析

(1) コマンド入力と解析結果

```
> x <- 25
> n <- 40
> binom.test(x, n, 1/2, alternative ="two.sided")
```

```
        Exact binomial test

data:  x and n
number of successes = 25, number of trials = 40, p-value = 0.1539
alternative hypothesis: true probability of success is not equal to 0.5
95 percent confidence interval:
 0.4580148 0.7727373
sample estimates:
probability of success
                 0.625
```

(2) コマンド解説

x <-25　# 好きな人の多いほうの数を **x** として入力する

n <-40　# 合計数を **n** として入力する

二項検定を実施するには **binom.test** を用いる．コマンドの形式は次のとおりである．

```
binom.test(多いほうの数，合計数，想定する母選択率，
    alternative ="two.sided")
```

※ **alternative** ← 対立仮説のタイプを指定するコマンド．
"greater"（>，右片側），**"less"**（<，左片側），**"two.sided"**（≠，両側）．

■ 結果の見方

P 値 = 0.1539 > 0.05 であるから有意ではない．したがって，H_0 は棄却されない．すなわち，A と B の好ましさに差があるとはいえない．

なお，R では母選択率 π_A の 95%信頼区間も次のように求められている．

$$0.4580148 < \pi_A < 0.7727373$$

【注意】

二項検定を行う場合，Excel では「少ないほうの数」を引数とし，R では「多いほうの数」を引数としていることに注意されたい．これは，Excel は「指定した回数以下」の累積確率を計算しているのに対して，R は「指定した回数以上」の累積確率を計算しているためである．

[Excel の計算]

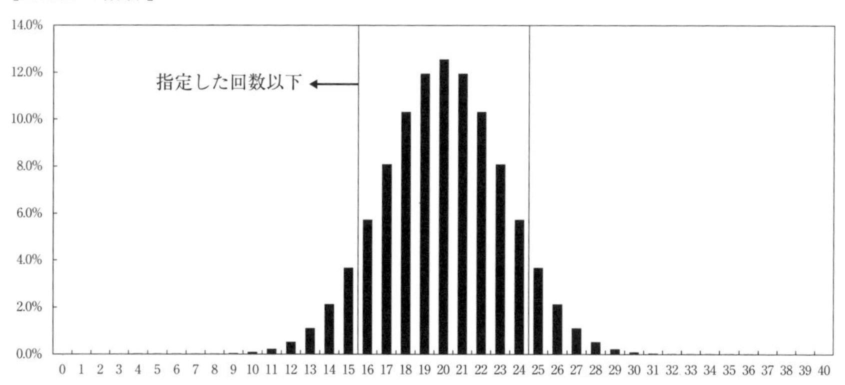

[R の計算]

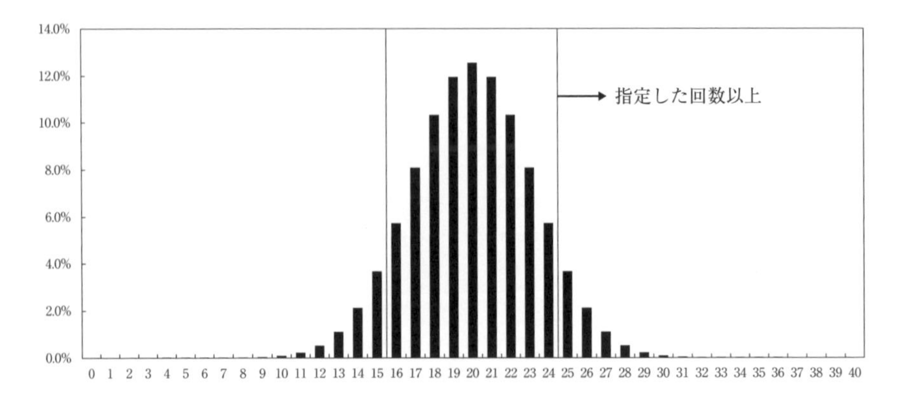

上記のような違いはあるが，検定の母選択率が 1/2(50%) の場合は，二項分布における右片側と左片側は同じ確率を示すため，両者の結果は同じとなる．

RANK.EQ　=BINOM.DIST(MIN(B1:B2), B3, 1/2, 1)*2

	A	B	C	D	E	F	G
1	A	25					
2	B	15					
3	合計	40					
4							
5	P値	=BINOM.DIST(MIN(B1:B2), B3, 1/2, 1)*2					
6							

また，Excel で使用した **BINOM.DIST** 関数は左片側の確率を求めているため，両側検定の場合は，この結果を 2 倍する必要がある．したがって，ここでの P 値は，

「**= BINOM.DIST(MIN(B1:B2), B3, 1/2, 1)*2**」

と計算されている．

3.2　2点識別法の解析

■ 2点識別法

2つの試料AとBをパネルに提示し，どちらの特性をより強く感じるかを評価させる方法を2点識別法という．AとBは刺激の強さの異なる試料を与えるため，刺激が強いのはA(あるいはB)であるというように正解が存在する．この方法はパネルに識別能力(違いを見分ける能力)があるかどうか，あるいは2つの試料に差異があるかどうかを調査するときに用いられる方法である．

2点識別法は，「1人のパネリストにn回」，または「n人のパネルに1回ずつ」実施され，正解した数によって，識別能力の有無，または特性の差異の有無を統計学的に判定する．

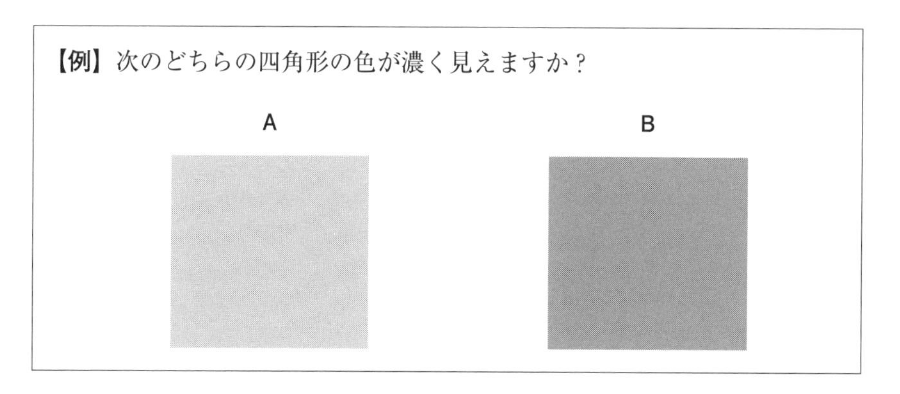

2つの試料をでたらめに回答した場合，まぐれ当たりの正解率は1/2(50%)であるから，母正解率が1/2より大きいかどうかを仮説検定によって評価する．

■ 2点識別法と二項検定

2点識別法のときに使う検定は，母正解率が1/2(50%)より大きいかどうかを調べる二項検定(片側検定)となる．

母集団(調査の対象とする集団)において，「正解の割合が1/2より大きい」

(母正解率 $\pi > 1/2$)と仮定して確率計算をすると，30回中正解が20回以上となる確率は0.0494(4.94%)で，右片側の確率で0.05(5%)以下となる．

したがって，30回の試行で正解が20回以上となれば「正解の割合が1/2より大きい」(母正解率 $\pi > 1/2$)と判定すればよい．

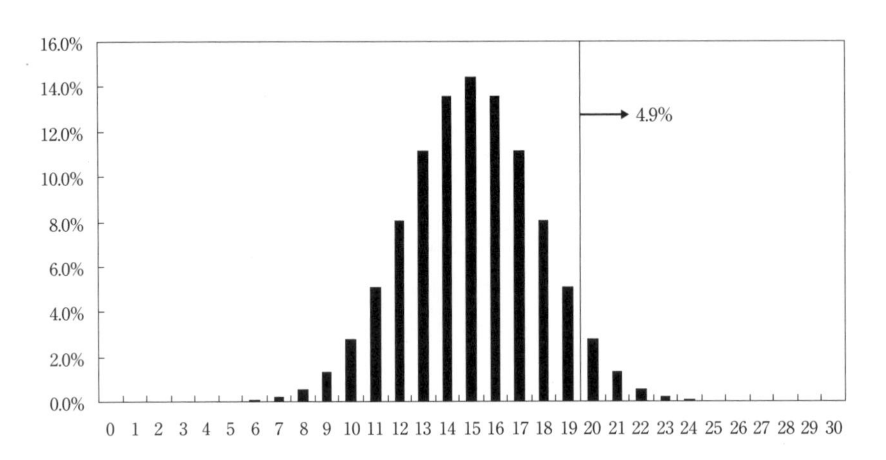

■ 2点識別法と片側検定

2点識別法では，母正解率が1/2より大きいかどうかを検定するため，対立仮説は，

$$H_1 : 母正解率 > 1/2$$

であり，片側検定となる．

■ 例題 3.2

1人のパネリストに甘さの異なるチョコレートAとBを対で15回与え，その都度，甘さの強いほう（甘さを増大させる成分量はAが多い）を回答させたところ，正解数は12回であった．このパネリストは甘さを識別する能力があるといえるか．

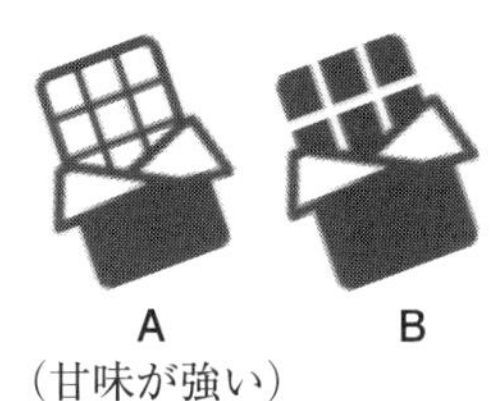

回　答	
A（正解）	12
B（不正解）	3

■ データのグラフ化

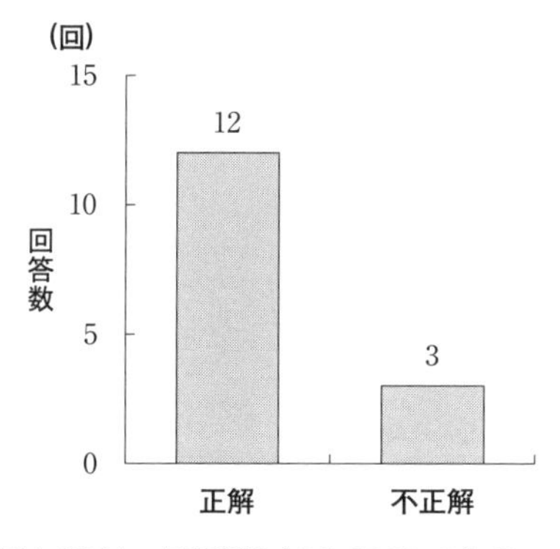

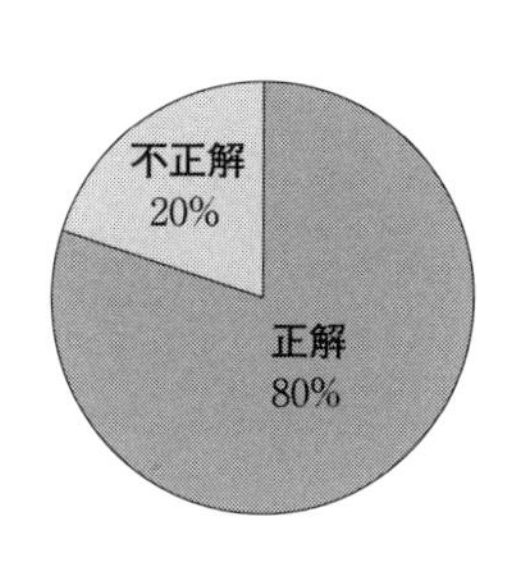

正解率は80%，不正解率は20%である．

■ 仮説の設定

帰無仮説 H_0：母正解率 $\pi = 1/2$ ← 識別能力なし

対立仮説 H_1：母正解率 $\pi > 1/2$ ← 識別能力あり

■ Excelによる解析

以下のように集計結果と関数を入力する.

	A	B	C
1	A（正解）	12	
2	B（不正解）	3	
3	合計	15	
4			
5	P値	0.01758	
6			

セル B5：**=BINOM.DIST(B2, B3, 1/2, 1)**

二項検定を実施するには **BINOM.DIST** を用いる. 関数の形式は次のとおりである.

```
= BINOM.DIST( 不正解の数 , 試行回数 , 想定する母正解率 ,1)
```

■ Rによる解析

(1) コマンド入力と解析結果

```
> x <- 12
> n <- 15
> binom.test(x, n, 1/2, alternative ="greater")
```

```
        Exact binomial test

data:  x and n
number of successes = 12, number of trials = 15, p-value = 0.01758
alternative hypothesis: true probability of success is greater than 0.5
95 percent confidence interval:
 0.5602156 1.0000000
sample estimates:
probability of success
                   0.8
```

(2) コマンド解説

x <-12　　# 正解数を **x** として入力する

n <-15　　# 試行数を **n** として入力する

二項検定を実施するには **binom.test** を用いる．コマンドの形式は次のとおりである．

```
binom.test( 正解数 , 試行数 , 想定する母正解率 ,
     alternative ="greater")
```

※ **alternative** ← 対立仮説のタイプを指定するコマンド．
"greater"（>，右片側），**"less"**（<，左片側），**"two.sided"**（≠，両側）．

■ 結果の解釈

P 値 = 0.01758 < 0.05 であるから有意である．したがって，H_0 は棄却される．すなわち，このパネリストは「識別能力がある」と判定される．

なお，R では母正解率 π の 95% 信頼区間も次のように求められている．

$$0.5602156 < \pi < 1.0000000$$

【注意】

Excel は 2 つの事象の「少ないほうの数」を引数とするが，2 点識別法では正解数よりも不正解数のほうが少なくなるはずなので，「不正解数」を引数としている．なお，正解数のほうが不正解数よりも少なくなる可能性があるが，この場合は P 値を求めるまでもなく，「識別能力があるとはいえない」と判定される．

■ 例題 3.3

甘さの異なるチョコレートAとBを対で30人のパネル(評価者の集団)に与え，甘さの強いほう(甘さを増大させる成分の量はAのほうを多くしてある)を回答させたところ，正解者は19人であった．この集団は甘さを識別する能力があるといえるか．

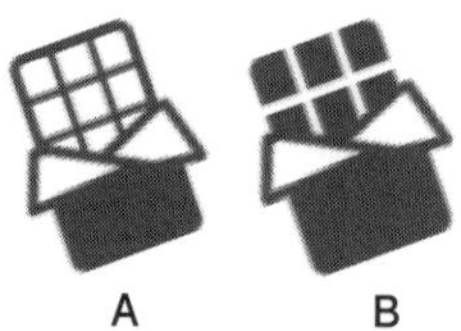

回 答	
A（正解）	19
B（不正解）	11

■ データのグラフ化

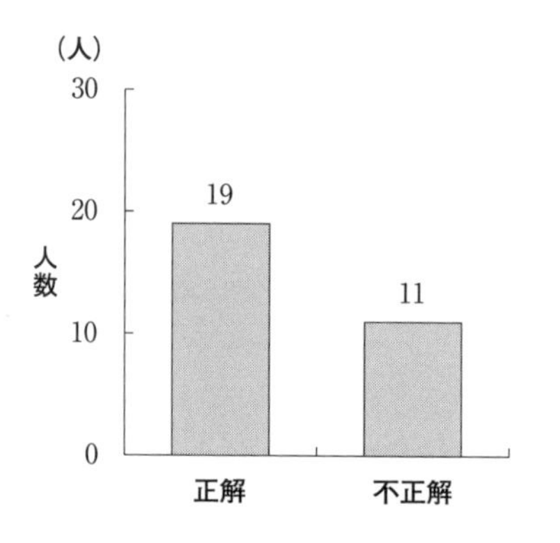

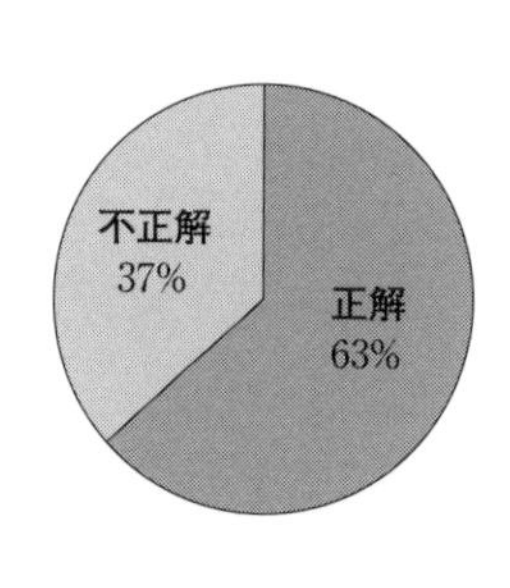

正解率は63%，不正解率は37%である．

■ 仮説の設定

帰無仮説 H_0：母正解率 $\pi = 1/2$ ←識別能力なし

対立仮説 H_1：母正解率 $\pi > 1/2$ ←識別能力あり

■ Excel による解析

以下のように集計結果と関数を入力する.

	A	B	C
1	A（正解）	19	
2	B（不正解）	11	
3	合計	30	
4			
5	P値	0.1002	
6			

セル B5：**=BINOM.DIST(B2, B3, 1/2, 1)**

二項検定を実施するには **BINOM.DIST** を用いる. 関数の形式は次のとおりである.

```
= BINOM.DIST(不正解数，試行数，想定する母正解率，1)
```

■ R による解析

(1)　コマンド入力と解析結果

```
> x <- 19
> n <- 30
> binom.test(x, n, 1/2, alternative ="greater")
```

```
        Exact binomial test

data:  x and n
number of successes = 19, number of trials = 30, p-value = 0.1002
alternative hypothesis: true probability of success is greater than 0.5
95 percent confidence interval:
 0.4669137 1.0000000
sample estimates:
probability of success
             0.6333333
```

(2)　コマンド解説

x <-19　　# 正解数を **x** として入力する

n <-30　　# 試行数を **n** として入力する

二項検定を実施するには **binom.test** を用いる．コマンドの形式は次のとおりである．

```
binom.test( 正解数 , 試行数 , 想定する母正解率 ,
    alternative ="greater")
```

※ **alternative** ← 対立仮説のタイプを指定するコマンド．
"greater"(>，右片側)，**"less"**(<，左片側)，**"two.sided"**(≠，両側)．

■ 結果の解釈

P 値 = 0.1002 > 0.05 であるから有意でない．したがって，H_0 は棄却されない．すなわち，このパネルは「識別能力があるとはいえない」と判定される．これは「甘さを認知できるほどの大きな差はない」という見方も可能である．

なお，R では母正解率 π の 95%信頼区間も次のように求められている．

$$0.4669137 < \pi < 1.0000000$$

信頼区間に 0.5 を含んでいることに注意していただきたい．

3.3　1対2点識別法の解析

■ 1対2点識別法

2つの試料AとBのどちらかを標準品Sとして提示して，その後でAとBを提示して，どちらがSと同じかを当てさせる方法を1対2点識別法という．

2点識別法と同様に，個々の評価者やパネルに識別能力(違いを見分ける能力)があるかどうか，あるいは2つの試料に差異があるかどうかを調査するときに用いる方法であり，あらかじめ着目する差異を特定できないような試料の識別に用いられる．

母正解率が1/2以上かどうかを仮説検定によって評価するので，検定方法は2点識別法と同じになる．

【例】 Sと同じ四角形の色は次のAとBのどちらですか？

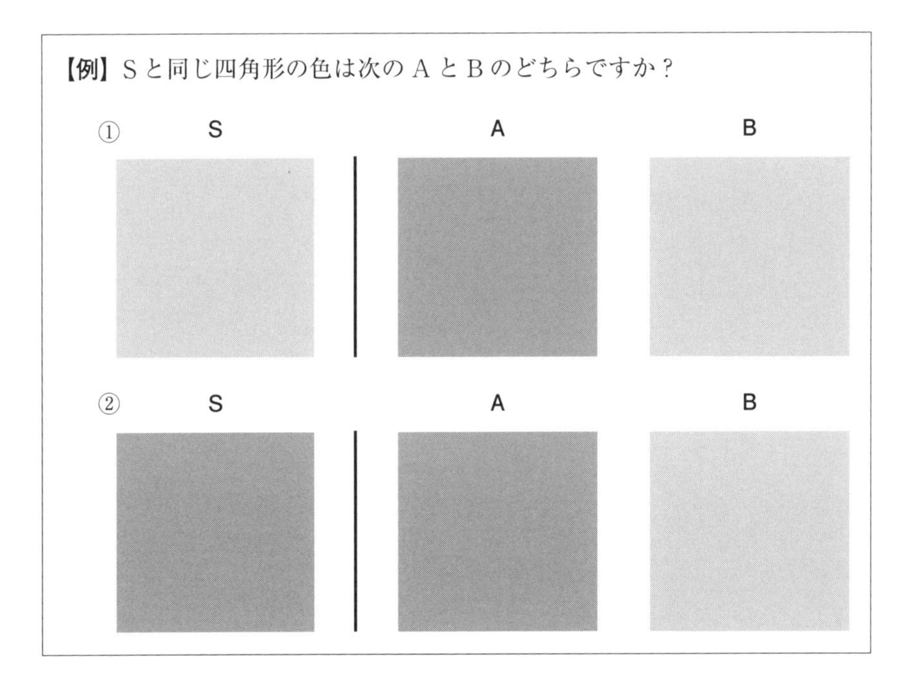

■ 例題 3.4

わずかにミルクの量を増やしたチョコレートAが，従来のチョコレートBと識別できるかどうかを見るために，パネル50人にAを最初に標準品として与え，その後に，AとBを与えて，標準品と同じ(A)ものを選ばせたところ，50人中32人が正解であった．パネルはAとBを識別できているといえるか．

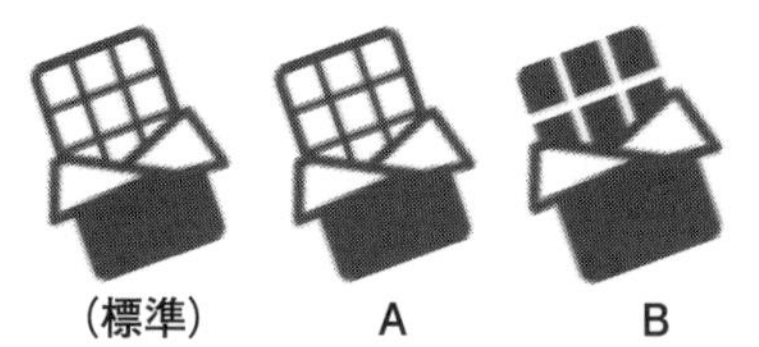

回答	
A（正解）	32
B（不正解）	18

■ データのグラフ化

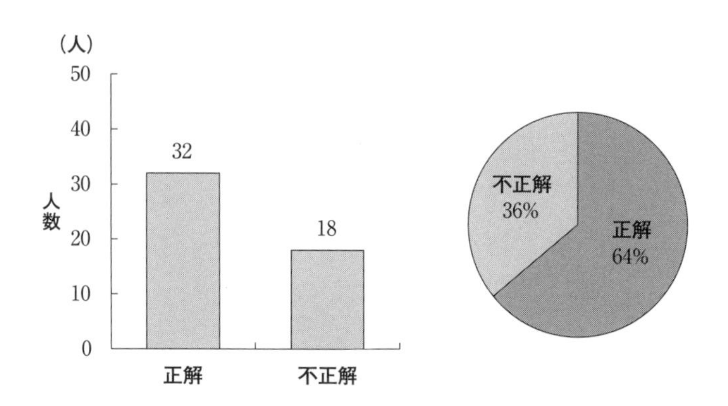

正解は64%，不正解は36%である．

■ 仮説の設定

帰無仮説 H_0：母正解率 $\pi = 1/2$ ←識別能力なし

対立仮説 H_1：母正解率 $\pi > 1/2$ ←識別能力あり

■ Excel による解析

以下のように集計結果と関数を入力する.

	A	B	C
1	A（正解）	32	
2	B（不正解）	18	
3	合計	50	
4			
5	P値	0.03245	
6			

セル B5：**=BINOM.DIST(B2, B3, 1/2, 1)**

二項検定を実施するには **BINOM.DIST** を用いる. 関数の形式は次のとおりである.

> **=BINOM.DIST(** 不正解数 , 試行数 , 想定する母正解率 ,1)

■ R による解析

(1)　コマンド入力と解析結果

```
> x <- 32
> n <- 50
> binom.test(x, n, 1/2, alternative ="greater")
```

```
        Exact binomial test

data:  x and n
number of successes = 32, number of trials = 50, p-value = 0.03245
alternative hypothesis: true probability of success is greater than 0.5
95 percent confidence interval:
 0.5142308 1.0000000
sample estimates:
probability of success
                  0.64
```

(2)　コマンド解説

x <-32　　# 正解数を **x** として入力する

n <-50　　# 試行数を **n** として入力する

二項検定を実施するには **binom.test** を用いる．コマンドの形式は次のとおりである．

```
binom.test(正解数，試行数，想定する母正解率，
    alternative ="greater")
```

※ **alternative** ← 対立仮説のタイプを指定するコマンド．
"greater"（>，右片側），**"less"**（<，左片側），**"two.sided"**（≠，両側）．

■ 結果の解釈

P 値 $= 0.03245 < 0.05$ であるから有意である．したがって，H_0 は棄却される．すなわち，このパネルは「識別能力がある」と判定される．これは「ミルクの量を増やしたチョコレート A と従来のチョコレート B には，認知できる差がある」という見方も可能である．

なお，R では母正解率 π の 95%信頼区間も次のように求められている．

$$0.5142308 < \pi < 1.0000000$$

第4章

1点試験法

この章では1点試験法について説明する．この試験法は1点だけ提示して，好きか嫌いかを問う嗜好型と，AかAでないかを問う識別型がある．識別型はA非A識別法という名称でも使われている．

4.1 1点嗜好法の解析

■ 1点嗜好法

1つの試料Aをパネルに提示して，評価させる(おいしい／まずい，好き／嫌い，はい／いいえ，など)方法を1点嗜好法という．

【例】このクッキーは好きですか？　嫌いですか？

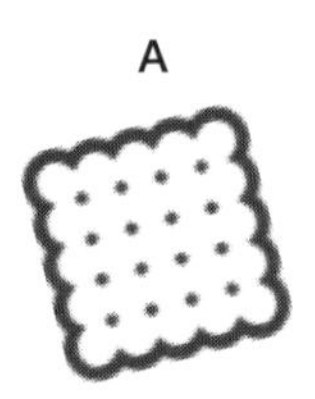

好きか嫌いかの2択であるから，母選択率が50％かどうかを仮説検定によって評価する．したがって，検定方法は2点嗜好法と同じになる．

■ 例題 4.1

新製品のクッキーAが，消費者の好みに合うかどうかを調べるために，40人のパネルに好きか嫌いかを回答させたところ，

好き：28人

嫌い：12人

という結果であった．新製品のクッキーAは，好き嫌いの割合に差があるといえるか？

■ データのグラフ化

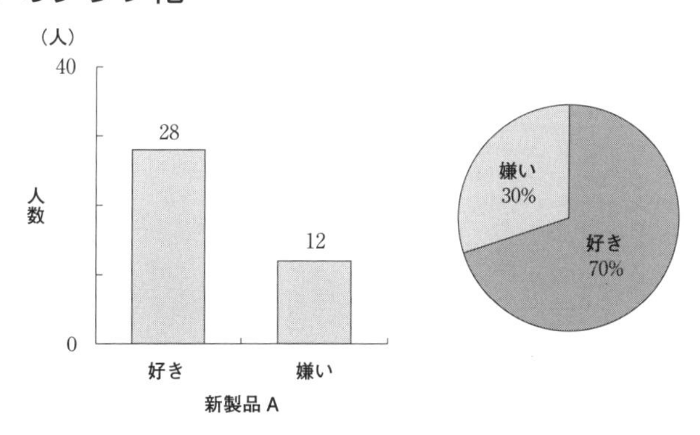

新製品 A を好きと回答した人は 70%，嫌いと回答した人は 30%で，好きと回答した人が多い．

■ 仮説の設定

帰無仮説 H_0：母選択率 $\pi = 1/2$　← 好き率と嫌い率に差はない

対立仮説 H_1：母選択率 $\pi \neq 1/2$　← 好き率と嫌い率に差がある

■ Excel による解析

以下のように集計結果と関数を入力する．

	A	B	C
1	好き	28	
2	嫌い	12	
3	合計	40	
4			
5	P値	0.0166	
6			

セル B5：**= BINOM.DIST(MIN(B1:B2), B3, 1/2, 1)*2**

二項検定を実施するには **BINOM.DIST** を用いる．関数の形式は次のとおりである．

= BINOM.DIST(少ないほうの数 **,** 合計数 **,** 想定する母選択率 **,**1)***2**

■ Rによる解析

(1) コマンド入力と解析結果

```
> x <- 28
> n <- 40
> binom.test(x, n, 1/2, alternative ="two.sided")
```

```
        Exact binomial test

data:  x and n
number of successes = 28, number of trials = 40, p-value = 0.01659
alternative hypothesis: true probability of success is not equal to 0.5
95 percent confidence interval:
 0.5346837 0.8343728
sample estimates:
probability of success
                   0.7
```

(2) コマンド解説

x <-28　# 多いほうの数を **x** として入力する

n <-40　# 合計数を **n** として入力する

二項検定を実施するには **binom.test** を用いる．コマンドの形式は次のとおりである．

> **binom.test(** 多いほうの数 **,** 合計数 **,** 想定する母選択率 **,**
>
> **alternative ="two.sided")**

※ **alternative** ← 対立仮説のタイプを指定するコマンド．
"greater"(>，右片側)，**"less"**(<，左片側)，**"two.sided"**(≠，両側)．

■ 結果の解釈

P 値 $= 0.01659 < 0.05$ であるから有意である．したがって，H_0 は棄却される．すなわち，美味しさの割合に差があるといえる．

なお，R では母選択率(好き率) π の95%信頼区間が次のようになる．

$$0.5346837 < \pi < 0.8343728$$

4.2 A非A識別法の解析

■ A非A識別法

2つの試料AとBの一方だけをランダムな順序でパネルに提示して，AかAではないかを判断させる方法をA非A識別法(1点識別法)という．この方法は，刺激や余韻が長く持続する試料で両方を同時に評価することが難しい場合に用いられる．

【例】 この試料はAですか？　Aではないですか？

?

AかAではないかを回答させて，母正解率が50%以上かどうかを仮説検定によって評価するので，検定方法は2点識別法と同じになる．

■ 例題 4.2

スパイスの種類を増やした香辛料Aが，従来の香辛料Bと識別できるかどうかを見るために，パネル50人に基準となるAを掲示し，その後に，パネルごとにAとBのどちらか1点を与えて，AかAではないかを回答させたところ，50人中30人が正解であった．パネルはAとBを識別できているといえるか．

■ データのグラフ化

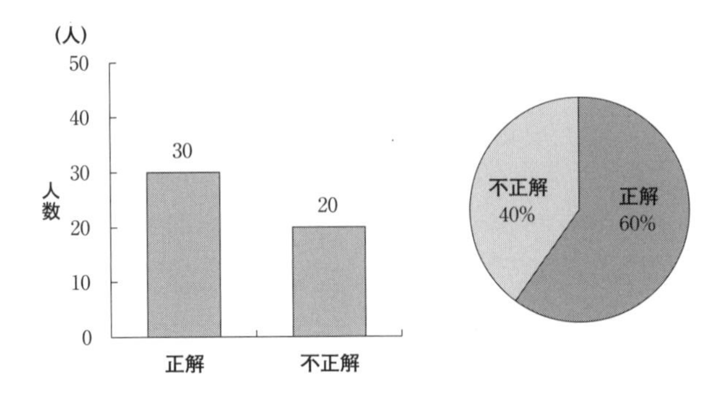

正解率は60%，不正解率は40%である．

■ 仮説の設定

帰無仮説 H_0：母正解率 $\pi = 1/2$　←識別能力なし

対立仮説 H_1：母正解率 $\pi > 1/2$　←識別能力あり

■ Excel による解析

以下のように集計結果と関数を入力する．

	A	B	C
1	正解	30	
2	不正解	20	
3	合計	50	
4			
5	P値	0.1013	
6			

セル B5：**=BINOM.DIST(B2, B3, 1/2, 1)**

二項検定を実施するには **BINOM.DIST** を用いる．関数の形式は次のとおりである．

= BINOM.DIST(不正解数，試行数，想定する母正解率，1)

■ Rによる解析

(1) コマンド入力と解析結果

```
> x <- 30
> n <- 50
> binom.test(x, n, 1/2, alternative ="greater")
```

```
        Exact binomial test

data:  x and n
number of successes = 30, number of trials = 50, p-value = 0.1013
alternative hypothesis: true probability of success is greater than 0.5
95 percent confidence interval:
 0.4738803 1.0000000
sample estimates:
probability of success
                   0.6
```

(2) コマンド解説

x <-30 # 正解数を **x** として入力する

n <-50 # 試行数を **n** として入力する

二項検定を実施するには **binom.test** を用いる．コマンドの形式は次のとおりである．

> **binom.test(** 正解数 **,** 試行数 **,** 想定する母正解率 **,**
> **alternative ="greater")**

※ **alternative** ← 対立仮説のタイプを指定するコマンド．
"greater"（>，右片側），**"less"**（<，左片側），**"two.sided"**（≠，両側）．

■ 結果の解釈

P 値 = 0.1013 > 0.05 であるから有意ではない．したがって，H_0 は棄却されない．すなわち，このパネルは「識別能力があるとはいえない」と判定される．これは「スパイスの種類を増やした香辛料 A と従来の香辛料 B に，認知できるほどの差があるとはいえない」という見方も可能である．

なお，R では母正解率 π の 95%信頼区間も次のように求められている．

$$0.4738803 < \pi < 1.0000000$$

第5章

3点識別法

この章では３点試験法について説明する．この試験法も２点試験法と同様に嗜好型と識別型があるが，実践の場では嗜好型の３点試験法（3点嗜好法）はほとんど使われていないので，識別型の方法を解説する．

5.1　3点識別法の解析

■3点識別法

2つの試料を識別するために，どちらか一方を2個，他方を1個，合計3個をパネルに提示して，異なる1個を当てさせる方法である．なお，試料の組合せは，次の2種類があるため，パネルを2グループに分けて両方の組合せで試験を行う．

① （ A ・ A ・ B ） ※Bを当てさせる

② （ A ・ B ・ B ） ※Aを当てさせる

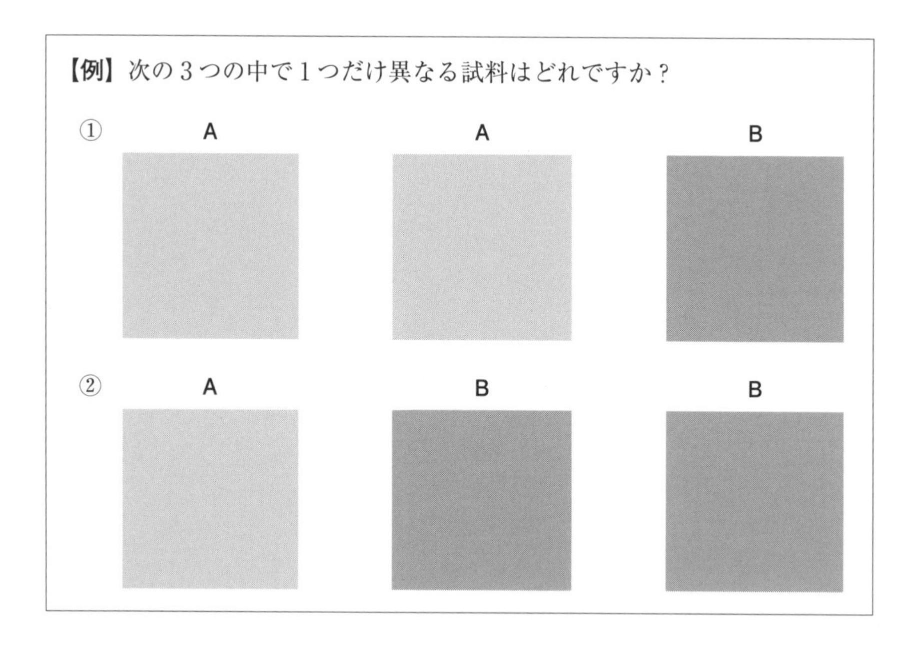

識別能力の有無，または，差異の有無を判定するために，正解率が基準を超えるかどうかを考える．3つの掲示された試料のうち異なる1つをでたらめに回答した場合（まぐれ当たり）の正解率は1/3(33.3%)であるから，正解率が33.3%以上かどうかを仮説検定によって評価することになる．

■ 例題 5.1

わずかにナッツ類の量を増やしたクッキー A が，従来のクッキー B と識別できるかどうかを見るために，20 人のパネルに AAB の組合せを与え，別の 20 人のパネルには ABB の組合せを与えて，異なると感じたクッキーを 1 つ答えさせた．その結果，次のようなデータが得られた．

AAB の組合せ　正解数：12 回

ABB の組合せ　正解数：15 回

パネルはクッキー A と B を識別しているといえるか．

■ データのグラフ化

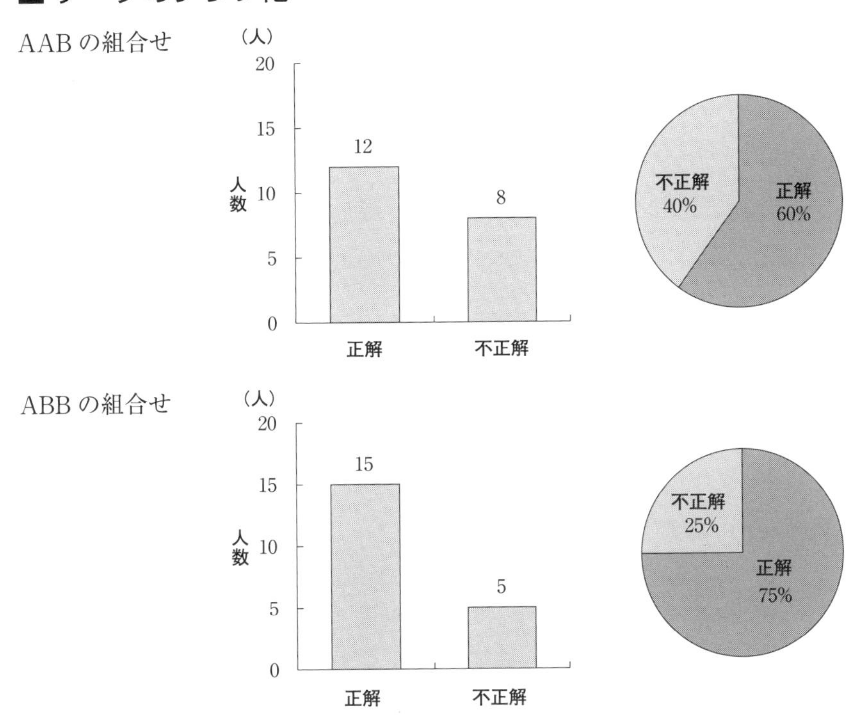

AAB の正解率は 60%，ABB の正解率は 75%である．

■ 仮説の設定

帰無仮説 H_0：母正解率 $\pi = 1/3$　←識別能力なし

対立仮説 H_1：母正解率 $\pi > 1/3$　←識別能力あり

■ Excel による解析

以下のように集計結果と関数を入力する.

	A	B	C	D
1	AAB	正解（B）	12	
2		不正解	8	
3		合計	20	
4				
5		P値	0.01297	
6				
7	ABB	正解（A）	15	
8		不正解	5	
9		合計	20	
10				
11		P値	0.0002	
12				

AAB の組合せセル C5　：**=1-BINOM.DIST**(**C1 － 1, C3, 1/3, 1**)

ABB の組合せセル C11：**=1-BINOM.DIST**(**C7 － 1, C9, 1/3, 1**)

二項検定を実施するには **BINOM.DIST** を用いるが，3 点識別法の場合は母正解率が 1/3 になるため，不正解数以下の累積確率ではなく，正解数以上の累積確率を求める必要がある.

そこで，「不正解数－ 1」以下の確率を求め，この値を 1 から引くことで，正解数以上の確率を求めることができる.

=1-BINOM.DIST(不正解数－1，試行数 ，想定する母正解率 ,1)

■ R による解析

(1) コマンド入力と解析結果

[AAB の組合せ]

```
> x <- 12
> n <- 20
> binom.test(x, n, 1/3, alternative ="greater")
```

```
        Exact binomial test

data:  x and n
number of successes = 12, number of trials = 20, p-value = 0.01297
alternative hypothesis: true probability of success is greater than 0.3333333
95 percent confidence interval:
 0.3935849 1.0000000
sample estimates:
probability of success
                   0.6
```

[ABB の組合せ]

```
> x <- 15
> n <- 20
> binom.test(x, n, 1/3, alternative ="greater")
```

```
        Exact binomial test

data:  x and n
number of successes = 15, number of trials = 20, p-value = 0.0001674
alternative hypothesis: true probability of success is greater than 0.3333333
95 percent confidence interval:
 0.5444176 1.0000000
sample estimates:
probability of success
                  0.75
```

(2) コマンド解説

[AAB の組合せ]

```
x <-12    # 正解数を x として入力する
n <-20    # 試行数を n として入力する
```

[ABB の組合せ]

```
x <-15    # 正解数を x として入力する
n <-20    # 試行数を n として入力する
```

二項検定を実施するには **binom.test** を用いる．コマンドの形式は次のとおりである．

```
binom.test( 正解数 , 試行数 , 想定する母正解率 ,
    alternative ="greater")
```

※ **alternative** ← 対立仮説のタイプを指定するコマンド．
"greater"（>，右片側），**"less"**（<，左片側），**"two.sided"**（≠，両側）．

■ 結果の解釈

AAB の組合せの P 値 $= 0.01297 < 0.05$ であるから有意である．

ABB の組合せの P 値 $= 0.0001674 < 0.05$ であるから有意である．

したがって，H_0 は棄却される．すなわち，このパネルは「識別能力がある」と判定される．これは「ナッツの量を増やしたクッキー A と従来のクッキー B に認知できる差がある」という見方も可能である．

なお，R では母正解率 π の 95%信頼区間も次のように求められている．

AAB の組合せ　$0.3935849 < \pi < 1.0000000$

ABB の組合せ　$0.5444176 < \pi < 1.0000000$

（注） 3 点嗜好法という方法も存在する．これは，最初に 3 点識別法を行い，1 つだけ異なる試料を答えさせる．次に，その試料と残りの試料のうち，どちらが好きかを答えさせる方法である．この方法は実践の場では，ほとんど使われていない．

第6章
選択法

この章では３つ以上の試料の中から，最も好ましいと感じる試料を選んでもらう試験方法である選択法を取り上げる．選択法の解析に使われる適合度の χ^2 検定という統計的方法と併せて解説する．

6.1　選択法の解析

■ 選択法

異なる t 個($t \geqq 3$)の試料を提示して，パネルに最も好きな試料を1つ選ばせる方法である．パネルの嗜好を調査するときに用いられる．

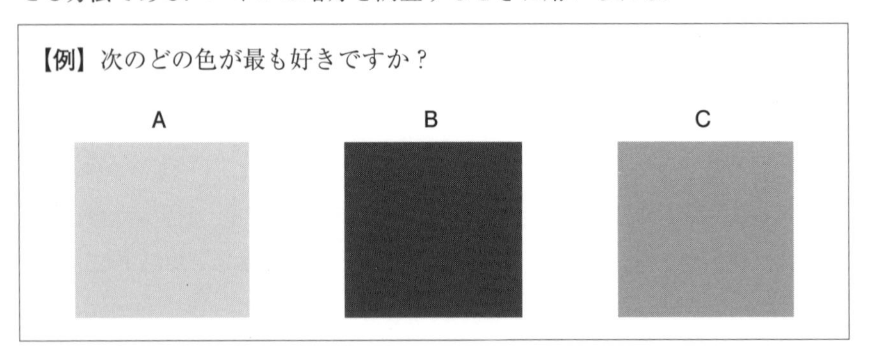

このような場合は，適合度の χ^2(カイ2乗)検定と呼ばれる検定手法を適用する．この検定は，実測度数と期待度数の差に基づいて P 値を計算する方法である．

■ 実測度数と期待度数

実測度数(観測度数)とは，実際に測定された値で，単に度数とも呼ばれる．

例えば，30人のパネルに，3つの試料A，B，Cのどれが最も好きかを調査したところ，Aが8人，Bが4人，Cが18人という結果であった．この数値が実測度数(度数)である．

〈実測度数〉

A	B	C
8	4	18

一方，期待度数とは，試料の選択率に差がないと仮定したときに，各試料が選ばれる度数はいくつと期待されるかという数値であり，以下のように求められる．

〈期待度数〉

A	B	C	計
10 (選択率 1/3)	10 (選択率 1/3)	10 (選択率 1/3)	30

もし試料の選択率に差がないならば，3つの試料はそれぞれ1/3の確率で選ばれるはずなので，期待度数は，どの試料についても 30×1/3 = 10 となる．

■ 適合度の χ^2 検定

選択法のときに使う検定は，すべての母選択率が異なるかどうかを調べるという目的で，適合度の χ^2 検定が使われる．

χ^2 検定は，実測度数(実際に測定された度数)と期待度数(選択率に差がないと仮定したときの度数)に基づいて P 値を計算する．

	A	B	C
実測度数	8	4	18
期待度数	10	10	10

	A	B	C
残差 (実測度数 − 期待度数)	− 2	− 6	8

実測度数と期待度数の差のことを「残差」と呼ぶ．もし，実測度数と期待度数にまったく差がなければ，すべての残差は0になり，実測度数 = 期待度数と判定する．すなわち，「母選択率に差があるとはいえない」と解釈できる．

この残差に基づいて次式で計算された値を χ^2 値と呼び，この値が χ^2 分布に従うことを利用して P 値を求める．

$$\chi^2 = \sum \frac{(\text{実測度数} - \text{期待度数})^2}{\text{期待度数}}$$

この例での χ^2 値は，以下のように計算されて，$\chi^2 = 10.4$ となる．

	A	B	C
残差の 2 乗	4	36	64
残差の 2 乗 ÷ 期待度数	0.4 (= 4 ÷ 10)	3.6 (= 36 ÷ 10)	6.4 (= 64 ÷ 10)

χ^2 値	10.4 (= 0.4 + 3.6 + 6.4)

χ^2 分布は自由度によって形状が変化する分布である．以下に，いくつかの自由度の χ^2 分布を示す．

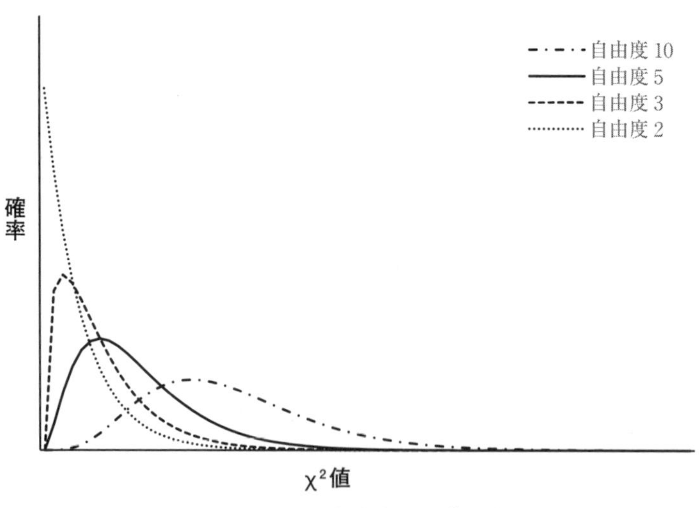

いろいろな自由度の χ^2 分布

このように，自由度によって分布の形状が変化するため，$\chi^2 = 10.4$ のときの P 値も自由度によって変わることに注意されたい．

χ^2 検定の P 値の計算は非常に複雑なので，Excel 関数や R を用いて求める必要がある．P 値の結果の解釈は，他の検定手法で同じである．すなわち，

P 値 $\leqq 0.05$ の場合：帰無仮説を棄却する　（有意である）

P 値 > 0.05 の場合：帰無仮説を棄却しない（有意ではない）

と解釈すればよい．

■ 例題 6.1

5 つの食品 A，B，C，D，E を 60 人のパネルに提供し，最も好ましいと感じる食品を選んでもらったところ，次のような結果となった．

A	B	C	D	E	計
18	7	9	21	5	60

5 つの食品の選ばれる割合に差があるといえるか．

■ データのグラフ化

グラフから，食品 A と食品 D を好む人が多いことが読み取れる．

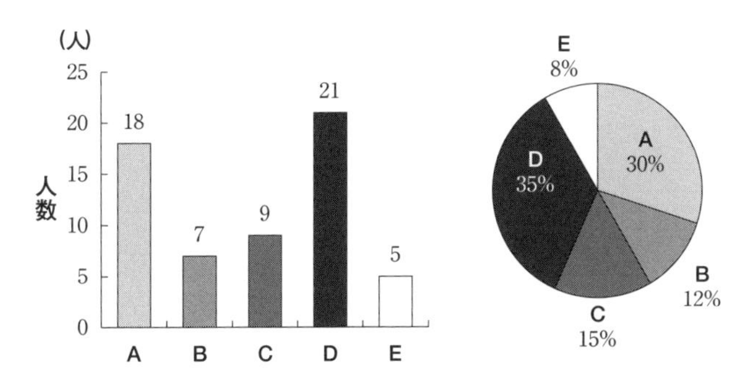

なお，試料の数が多い場合は，度数の大きい順に並べ替えると見やすい．

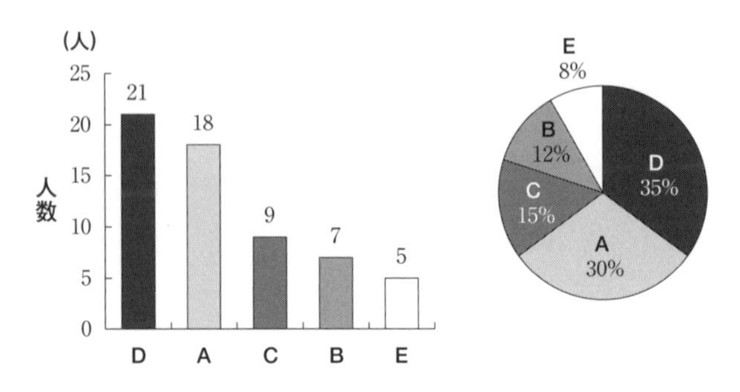

■ 仮説の設定

帰無仮説 H_0：すべての試料の選択率は等しい．

対立仮説 H_1：少なくとも 1 つの試料の選択率は等しくない．

■ Excel による解析

以下のように集計結果，期待度数，関数を入力する．

	A	B	C	D	E	F	G	H
1		A	B	C	D	E	計	
2	実測度数	18	7	9	21	5	60	
3	期待度数	12	12	12	12	12		
4								
5	P値	0.002243						
6								

セル B5：**=CHISQ.TEST(B2:F2, B3:F3)**

※ 期待度数は「実測度数の合計 ÷ 試料の数」で求める．この例では，60÷5 = 12.

適合度の χ^2 検定を実施するには **CHISQ.TEST** を用いる．関数の形式は次のとおりである．

=CHISQ.TEST(実測度数の範囲 **,** 期待度数の範囲 **)**

■ R による解析

(1) コマンド入力と解析結果

```
> x <- c(18, 7, 9, 21, 5)
> m <- c(1/5, 1/5, 1/5, 1/5, 1/5)
> chisq.test(x, p=m)
```

```
        Chi-squared test for given probabilities

data:  x
X-squared = 16.667, df = 4, p-value = 0.002243
```

(2) コマンド解説

```
x <-c(18,7,9,21,5)                  # 実測度数を入力して x と定義する
m <-c(1/5,1/5,1/5,1/5,1/5)          # 期待する母選択率を入力して m と
                                      定義する
```

適合度の χ^2 検定を実施するには **chisq.test** を用いる．コマンドの形式は次のとおりである．

```
chisq.test( 実測度数 ,p= 想定する母選択率 )
```

※ 各試料の母選択率が等しいとする場合，**p** 以降は省略可能．

■ 結果の見方

P 値 = 0.002243 < 0.05 であるから有意である．したがって，H_0 は棄却される．すなわち，「食品の選択率には差がある」と判定される．

【注意】

この検定は，5 つのすべての選択率が等しいかどうかを検定している．有意である（帰無仮説が棄却される）場合，少なくとも 1 つ以上の試料の選択率が異なることを意味しているが，どの試料の選択率が異なるかはわからない．

もし，どの試料が多い，または少ないかを知りたい場合は，次節で説明する調整済み残差を計算するとよい．

6.2 残差分析

■ 残差の検討

適合度の χ^2 検定で3つ以上の試料を比較して選択率に有意差が認められたとき，少なくとも1つ以上の試料の選択率が異なることを意味している．しかし，どの試料の選択率が異なるかまではわからない．このようなときには，調整済み残差を利用すると，どの試料の選択率が多い，または少ないかを調べることができる．例えば，次のような度数表が得られているとしよう．

	A	B	C
実測度数	8	4	18
期待度数	10	10	10

実測度数と期待度数の差のことを「残差」と呼ぶ．もし，実測度数と期待度数にまったく差がなければ，すべての残差は0になるはずなので，この残差を利用して度数が多い(または少ない)を評価することができる．

	A	B	C
残差	−2 (= 8 − 10)	−6 (= 4 − 10)	8 (= 18 − 10)

実際には残差そのものではなく，残差を調整した「調整済み残差」と呼ばれる指標を用いる．調整済み残差は，残差(実測度数−期待度数)を選択率の標準誤差で調整した値で，次式で求めることができる．

$$調整済み残差 = \frac{残差}{標準誤差}$$

	A	B	C
調整済み残差	− 0.77 (= − 2 ÷ 2.582)	− 2.32 (= − 6 ÷ 2.582)	3.10 (= 8 ÷ 2.582)

この値が正規分布に近似することから，絶対値で 2(正確には 1.96)を基準にして各試料の特徴を読み取ることができる．

- ＋ 2 以上　→度数が大きい(選択率が高い)
- − 2 以下　→度数が小さい(選択率が低い)

■ 例題 6.2(例題 6.1 の再掲)

5 つの食品 A，B，C，D，E を 60 人のパネルに与え，最も好ましいと感じる食品を選んでもらったところ，次のような結果となった．

A	B	C	D	E	計
18	7	9	21	5	60

5 つの食品の中でどの選択率が高いか，または低いかを，調整済み残差を用いて検討せよ．

■ Excel による解析

以下のように集計結果，期待度数，関数を入力する．

	A	B	C	D	E	F	G	H
1		A	B	C	D	E	計	
2	実測度数	18	7	9	21	5	60	
3	期待度数	12	12	12	12	12		
4	期待確率	0.2	0.2	0.2	0.2	0.2		
5								
6	標準誤差	3.098	3.098	3.098	3.098	3.098		
7	調整済み残差	1.94	-1.61	-0.97	2.90	-2.26		
8								

セル B6：**=SQRT(G2*B4*(1-B4))**

　※ セル B6 をセル C6 からセル F6 まで複写

セル B7：**=(B2-B3)/B6**

　※ セル B7 をセル C7 からセル F7 まで複写
　※期待度数は「実測度数の合計÷試料の数」で求める．この例では，60÷5 = 12.
　※ 期待確率は「1÷試料の数」で求める．この例では，1÷5 = 0.2.

■ R による解析

(1)　コマンド入力と解析結果

```
> x <- c(18, 7, 9, 21, 5)
> m <- c(1/5, 1/5, 1/5, 1/5, 1/5)
> result <- chisq.test(x, p=m)
> result$stdres
[1]  1.9364917 -1.6137431 -0.9682458  2.9047375 -2.2592403
```

(2)　コマンド解説

x<- c(18, 7, 9, 21, 5)　　# 実測度数を入力して **x** と定義する

m <- c(1/5, 1/5, 1/5, 1/5, 1/5)　　# 想定する母選択率を入力して **m** と定義する

```
result <-chisq.test(x, p=m)          # 適合度検定を実行して result
                                       と定義する
```

適合度の χ^2 検定の結果の一部を実施するには検定を実行する際に名前を定義しておく．**stdres** を使用して次のようにコマンドを入力すると，調整済み残差を出力できる．

〈適合度の χ^2 検定の結果を定義した名前〉**$stdres**

■ 結果の見方

調整済み残差が絶対値で2を超える試料に注目すると，食品Dの選択率が高く，食品Eの選択率が低いことがわかる．なお，食品Aも高いと考えてもよいだろう．

第7章

採点法

この章では試料の特性を点数で評価する方法である採点法を取り上げる．採点法の解析では平均値の比較が中心となり，そのための統計的方法として，t 検定と分散分析について解説する．

7.1 t 検定

■ 採点法

採点法は，試料の特性を何段階かに分けて格付けし，点数化してデータを収集する方法である．例えば，次のような評価は採点法である．

【5 段階評価】

5 おいしい
4 どちらかといえばおいしい
3 どちらともいえない
2 どちらかといえばまずい
1 まずい

【類似度】

0 まったく同じ
1 少し異なる
2 かなり異なる
3 非常に異なる
4 まったく異なる

よく使用される方法は，5 段階評価や 7 段階評価，10 段階などがある．このとき，各点数がなるべく等間隔になるように言葉を付けるべきである．

一方で，「ふつう」や「どちらともいえない」などを設けると，そこに意見が集まりやすくなるため，それを避けたいときもある．そのような場合は，次のように評価段階を設定するとよい．

【4段階評価】

4　おいしい

3　どちらかといえばおいしい

2　どちらかといえばまずい

1　まずい

採点法では，平均値を比較する方法を用いるのが一般的な解析法である．

■ 2つの平均値の比較の手法

平均値の比較では，比較するグループ(試料)の数によって検定手法が異なる．2グループの平均値を比較して平均値の差が有意であるかどうかを判定するための検定方法としては，次の手法が考えられる．

① t検定(Studentのt検定)

② Welch検定(Welchのt検定)

③ Wilcoxon検定(Mann-Whitney検定)，Brunner-Munzel検定

通常，2つの平均値の差の検定にはt検定が用いられる．t検定は比較する2つのグループのばらつき(分散)が等しいかどうかでP値の計算方法が異なり，グループのばらつきが等しい(等分散を仮定する)場合は①，グループのばらつきが等しくない(等分散を仮定しない)場合は②の手法を用いる．

また，t検定はデータの分布が正規分布していること，測定尺度が等間隔であることを前提として，理論が構築されている．したがって，これらの前提条件が保証されていない状況では，③のノンパラメトリック検定と呼ばれる手法を用いるほうが無難である．

■ t 検定

t 検定は，２つのグループの平均値の差が０かどうかを検定する．２つのグループの平均の差に基づいて，帰無仮説が正しいと仮定した場合に，以下の式で計算される t 値が t 分布に従うことを利用して P 値を求める．

$$t = \frac{\overline{x}_{\mathrm{A}} - \overline{x}_{\mathrm{B}}}{s\sqrt{\dfrac{1}{n_{\mathrm{A}}} + \dfrac{1}{n_{\mathrm{B}}}}}$$

※ s は標準偏差

t 分布は自由度 $(n-1)$ によって形状が変化する分布である．以下に，いろいろな自由度の t 分布を示す．

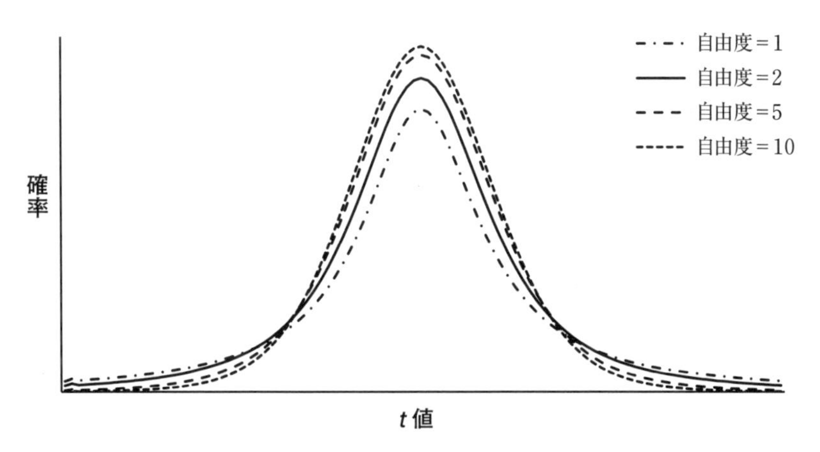

いろいろな自由度の t 分布

t 検定の P 値の計算は非常に複雑なので，Excel 関数や R を用いて求める．なお，P 値の結果の解釈は，他の検定手法で同じである．つまり，

P 値 $\leqq 0.05$ の場合：帰無仮説を棄却する　（有意である）

P 値 > 0.05 の場合：帰無仮説を棄却しない（有意ではない）

と解釈すればよい．

■ 例題 7.1

30 名の訓練された官能検査員と 30 名の消費者パネルに，ある香水 A の香りについて，好ましいと感じる度合いを次のような 5 段階で評価させた．
(5：好き，4：やや好き，3：ふつう，2：あまり好きではない，1：好きではない)

検査員	消費者
5	5
5	5
4	5
4	5
4	5
4	4
4	4
4	4
4	4
4	4
4	5
3	5
3	5
3	5
3	4
3	4
3	4
3	4
3	4
3	3
3	3
3	3
2	3
2	3
2	3
2	2
1	2
1	2
1	2
1	1

検査員と消費者では評価に差があるといえるか．

■ データのグラフ化

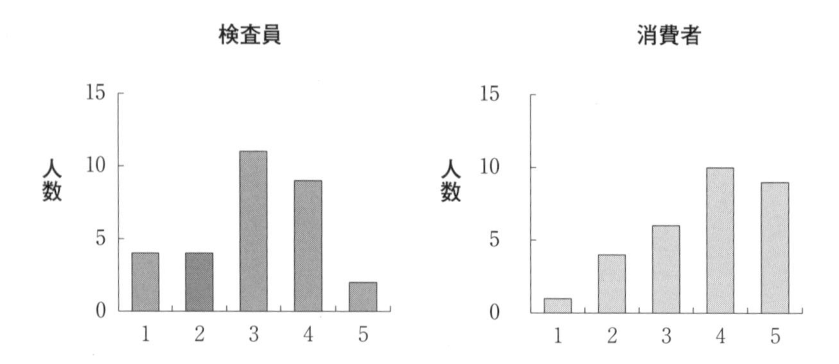

■ 要約統計量の計算とグラフ化

検査員の平均値は 3.03，消費者の平均値は 3.73 で，消費者の評価のほうが 0.7 高い．

	検査員	消費者
平均値	3.03	3.73
標準偏差	1.129	1.143
分散	1.275	1.306

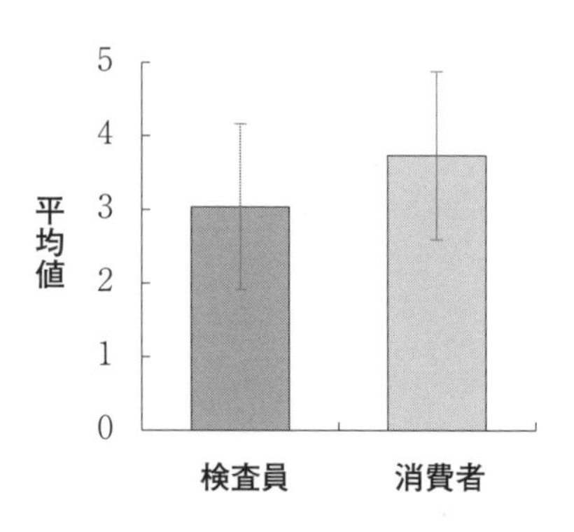

■ 仮説の設定

帰無仮説 H_0： $\mu_{(検査員)} = \mu_{(消費者)}$

対立仮説 H_1： $\mu_{(検査員)} \neq \mu_{(消費者)}$

■ Excel による解析

以下のように集計結果，期待度数，関数を入力する．

	A	B	C	D	E	F	G	H
1	検査員	消費者			検査員	消費者		
2	5	5		平均値	3.03	3.73		
3	5	5		標準偏差	1.129	1.143		
4	4	5		分散	1.275	1.306		
5	4	5						
6	4	5		P値	0.020279	←等分散仮定する		
7	4	4		P値	0.020280	←等分散仮定せず		
8	4	4						
9	4	4						
10	4	4						
11	4	4						
12	4	5						
13	3	5						
14	3	5						
15	3	5						
16	3	4						
17	3	4						
18	3	4						
19	3	4						
20	3	4						

セル E6：**=T.TEST(A2:A31, B2:B31, 2, 2)**

セル E7：**=T.TEST(A2:A31, B2:B31, 2, 3)**

（注） 消費者の棒グラフからはデータが正規分布していると仮定するには無理があり，このようなときにはノンパラメトリック検定の適用が望ましいが，ここでは t 検定の方法を学んでいただくことにする．

t 検定を実行するには **T.TEST** を用いる．関数の形式は次のとおりである．

＝ **T.TEST(** 検査員の範囲 **,** 消費者の範囲 **,** 検定の指定 **,** 検定の種類 **)**

※ 検定の指定　1：片側検定 / 2：両側検定

※ 検定の種類　1：対応のある t 検定 / 2：Student の t 検定 / 3：Welch の t 検定

■ R による解析

(1) コマンド入力と解析結果

```
> A <- c(5,5,4,4,4,4,4,4,4,4,4,3,3,3,3,3,3,3,3,3,3,3,2,2,2,2,1,1,1,1)
> B <- c(5,5,5,5,5,4,4,4,4,4,5,5,5,5,4,4,4,4,4,3,3,3,3,3,3,2,2,2,2,1)
> t.test (x=A,y=B,var.equal=TRUE)
```

```
        Two Sample t-test

data:  A and B
t = -2.3868, df = 58, p-value = 0.02028
alternative hypothesis: true difference in means is not equal to 0
95 percent confidence interval:
 -1.2870711 -0.1129289
sample estimates:
mean of x mean of y
 3.033333  3.733333
```

```
> t.test (x=A,y=B,var.equal=FALSE)
```

```
        Welch Two Sample t-test

data:  A and B
t = -2.3868, df = 57.992, p-value = 0.02028
alternative hypothesis: true difference in means is not equal to 0
95 percent confidence interval:
 -1.2870729 -0.1129271
sample estimates:
mean of x mean of y
 3.033333  3.733333
```

(2) コマンド解説

A <-c(5,5,4,4,4,4,4,4,4,4,4,3,3,3,3,3,3,3,3,3,3,3,2,2,2,2,1,1,1,1)

検査員を入力して A と定義する

B <-c(5,5,5,5,5,4,4,4,4,4,5,5,5,5,4,4,4,4,4,3,3,3,3,3,3,2,2,2,2,1)

消費者を入力して B と定義する

t.test (x=A,y=B,var.equal=TRUE)　　# t 検定を実行する

t.test (x=A,y=B,var.equal=FALSE)　　#Welch 検定を実行する

t検定を実行するには **t.test** を用いる．コマンドの形式は次のとおりである．

```
t.test(x=検査員, y=消費者, var.equal=TRUE / FALSE)
```

※**var.equal** は等分散の仮定の指定である．
TRUE（等分散を仮定する）/ **FALSE**（等分散を仮定しない）

■ 結果の見方

等分散を仮定する t 検定の P 値 $= 0.02028 < 0.05$ であるから有意である．したがって，H_0 は棄却される．すなわち，「検査員と消費者の評価は異なる」と判定される．

等分散を仮定しない場合も結論は同じである．

【Welch 検定の適用場面】

この例では，検査員と消費者のばらつきは分散の値を見ると同程度であり，等分散を仮定する（分散は等しい）t 検定を適用した．Welch 検定は，等分散を仮定しない（分散は等しくない）場合に適用するとよい．目安として，2 つのグループの分散が 2 倍以上になる場合は，Welch 検定を適用するほうが望ましい．また，Welch 検定は等分散の場合にも適用できるため，等分散かどうかの判断が難しい場合は Welch 検定を適用すればよい．

【ノンパラメトリック検定の適応場面】

t 検定の代わりに使われるノンパラメトリック検定としては，次の 2 つがある．結果だけ示しておこう．

- Wilcoxon 検定　P 値 $= 0.02131$
- Brunner-Munzel 検定　P 値 $= 0.01958$

7.2 対応のある t 検定

■ 対応のあるデータ

採点法で2つの試料を評価する場合，試験方法によって解析方法が異なる．例えば，パネルを10名用意し，試料Aについて5名，試料Bについて5名が評価した結果は，以下のようになる．

対応のないデータ

試料A	試料B
5	3
3	2
1	5
4	4
5	1

このとき，試料Aの1人目の評価結果と試料Bの1人目の評価結果は別人であり，たまたま1行目に入力されただけで両者に意味のある関係はない．このようなデータを「対応のないデータ」と呼び，**7.1節**のような t 検定が適用される．

一方，パネルを5名用意し，5名が試料Aと試料Bの両方について評価した結果は，以下のようになる．

対応のあるデータ

パネル	試料A	試料B
1	5	3
2	3	2
3	1	5
4	4	4
5	5	1

この場合，試料Aの1人目の評価結果と試料Bの1人目の評価結果は同一人物であり，同じ人という共通点がある．このようなデータは「対応のあるデータ」と呼ばれ，対応のある t 検定が適用される．

■ 対応のある平均値の比較の手法

平均値の比較では，比較するグループ(試料)の数によって検定手法が異なる．対応のある2グループの平均値を比較して平均値の差が有意であるかどうかを判定するための検定方法としては，次の手法が考えられる．

① 対応のある t 検定

② Wilcoxon の符号付き順位検定

対応のある t 検定はデータの分布が正規分布していること，測定尺度が等間隔であることを前提として，理論が構築されている．したがって，これらの前提条件が保証されていない状況では，②のノンパラメトリック検定と呼ばれる手法を用いるほうが無難であるという考え方もある．

■ 対応のある t 検定の考え方

対応のある t 検定は，2つのグループに対応があるため，以下のように，評価者ごとに試料Aと試料Bの差(d)を求め，この差(d)の平均値が0かどうかを検定する．

パネル	試料A	試料B	差(d)
1	5	3	2
2	3	2	1
3	1	5	−4
4	4	4	0
5	5	1	4

2つのグループから計算される差の平均値($\bar{d}$)に基づいて，帰無仮説が正しいと仮定した場合に，次式で計算される t 値が t 分布に従うことを利用して P 値を求める．

$$t = \frac{\bar{d} - \mu}{\frac{s}{\sqrt{n}}}$$

t 分布は自由度($n-1$)によって形状が変化する分布である．p.86で示したが，再度以下に，いろいろな自由度の t 分布を示す．

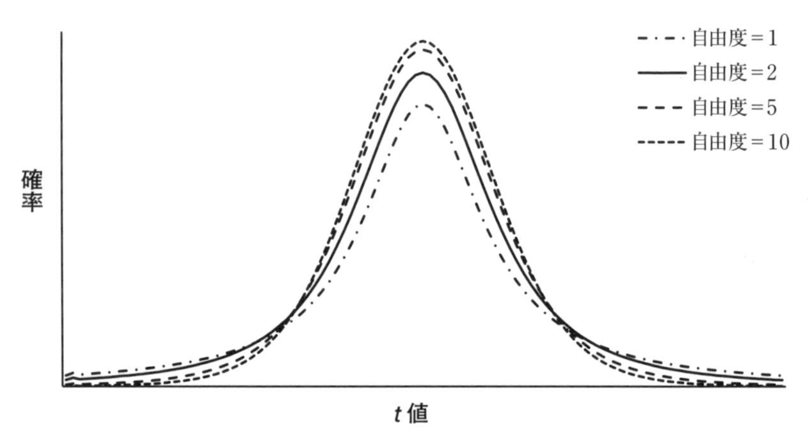

いろいろな自由度の t 分布

t 検定の P 値の計算は非常に複雑なので，Excel 関数や R を用いて求める．なお，P 値の結果の解釈は，すべての検定手法で同じである．つまり，

P 値≦ 0.05 の場合：帰無仮説を棄却する　（有意である）

P 値＞ 0.05 の場合：帰無仮説を棄却しない（有意ではない）

と解釈すればよい．

■ 例題 7.2

10 名の消費者パネルに，2 つの香料 A と B について，好ましいと感じる度合いを次のような 5 段階で評価させた.

(5：好き，4：やや好き，3：ふつう，2：あまり好きではない，1：好きではない)

パネル	香料 A	香料 B
1	5	3
2	4	3
3	4	3
4	2	2
5	3	1
6	3	4
7	5	2
8	5	3
9	5	4
10	4	3

香料 A と香料 B の好ましさに差があるといえるか.

■ データのグラフ化

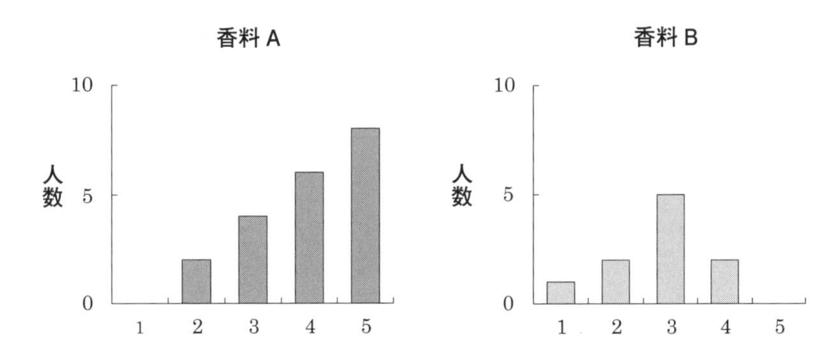

■ 要約統計量の計算とグラフ化

香料 A の平均値は 4.00，香料 B の平均値は 2.80 で，香料 A の評価のほうが 1.2 高い．

	香料 A	香料 B
平均値	4.00	2.80
標準偏差	1.054	0.919

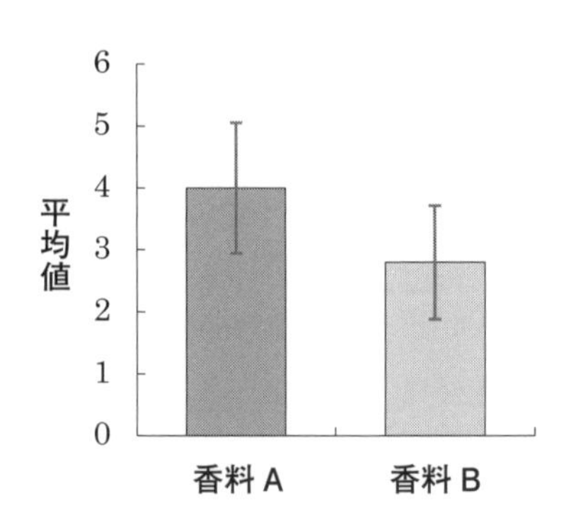

■ 仮説の設定

帰無仮説 H_0： $\mu_{(香料A)} = \mu_{(香料B)}$

対立仮説 H_1： $\mu_{(香料A)} \neq \mu_{(香料B)}$

■ Excel による解析

以下のように集計結果，期待度数，関数を入力する．

	A	B	C	D	E	F	G	H
1	パネル	香料A	香料B			香料A	香料B	
2	1	5	3		平均値	4.00	2.80	
3	2	4	3		標準偏差	1.054	0.919	
4	3	4	3					
5	4	2	2					
6	5	3	1		P値	0.008626	（対応のあるt検定）	
7	6	3	4					
8	7	5	2					
9	8	5	3					
10	9	5	4					
11	10	4	3					
12								

セル F6：**=T.TEST(B2:A11, C2:C11, 2, 1)**

対応のある t 検定を実行するには **T.TEST** を用いる．関数の形式は次のとおりである．

```
= T.TEST(香料Aの範囲 , 香料Bの範囲 , 検定の指定 , 1)
```

※ 検定の指定　1：片側検定 / 2：両側検定
※ 検定の種類　1：対応のある t 検定 / 2：Student の t 検定 / 3：Welch の t 検定

■ R による解析

(1)　コマンド入力と解析結果

```
> A <- c(5,4,4,2,3,3,5,5,5,4)
> B <- c(3,3,3,2,1,4,2,3,4,3)
> t.test (x=A,y=B, paired =TRUE)
```

```
        Paired t-test

data:  A and B
t = 3.3425, df = 9, p-value = 0.008626
alternative hypothesis: true mean difference is not equal to 0
95 percent confidence interval:
 0.3878607 2.0121393
sample estimates:
mean difference
            1.2
```

(2)　コマンド解説

```
A <- c(5,4,4,2,3,3,5,5,5,4)  # 香料Aを入力してAと定義する
B <- c(3,3,3,2,1,4,2,3,4,3)  # 香料Bを入力してBと定義する
```

t 検定を実行するには **t.test** を用いる．コマンドの形式は次のとおりである．

```
t.test(x=香料A, y=香料B, paired=TRUE)
```

※ **paired** は対応のある t 検定を行うためのオプションの指定である．**paired** を指定しない場合，(対応のない)t 検定が実行される．

■ 結果の見方

t 検定の P 値 = 0.008626 < 0.05 であるから有意である．したがって，H_0 は棄却される．すなわち，「香料 A と香料 B の好ましさには差がある」と判定される．

7.3 一元配置分散分析

■ 3つ以上の平均値の比較の手法

平均値の比較では，比較するグループ(試料)の数によって検定手法が異なる．前のセクションで説明した t 検定は2つのグループの平均値を比較する手法であり，比較するグループが3つ以上の場合には使用できない．そこで，3つ以上のグループの平均値を比較する場合には，一元配置分散分析を用いる．

① 一元配置分散分析

② Welch 検定

③ Kruskal-Wallis 検定(クラスカル-ウォリス検定)

一元配置分散分析も t 検定と同様に，比較するグループのばらつき(分散)が等しいかどうかで P 値の計算方法が異なり，グループのばらつきが等しい(等分散を仮定する)場合は①，グループのばらつきが等しくない(等分散を仮定しない)場合は②の手法を用いる．

また，一元配置分散分析はデータの分布が正規分布していること，測定尺度が等間隔であることを前提として，理論が構築されている．したがって，これらの前提条件が保証されていない状況では，③のノンパラメトリック検定と呼ばれる手法を用いるほうが無難であるという考え方もある．

■ 一元配置分散分析と分散分析表

一元配置分散分析は，複数のグループの平均値の差が0かどうかを検定する．グループ間の平均の差に基づいて，帰無仮説が正しいと仮定した場合に計算される F 値が F 分布に従うことを利用して P 値を求める．分散分析では，この計算結果をまとめた分散分析表と呼ばれる以下のような表を作成するのが一般的である．

分散分析表の例

要因	平方和	自由度	分散	F 値	P 値
因子	28.3	3	9.444	7.56	0.001
誤差	25.0	20	1.250		
全体	53.3	23			

分散分析表に表示されている「因子」は結果に影響を与える要因のことで，意図的に変化させているもの(比較しているもの)である．例えば，4つの試料(A，B，C，D)の評価結果の平均値を比較する場合は，「試料」が因子となる．

因子で説明しきれないものが「誤差」である．因子と誤差の分散比(因子の分散 ÷ 誤差の分散)が F 値であり，F 値と自由度に基づいて P 値が計算される．

このように，因子と誤差の分散(ばらつき)を用いて F 値や P 値を計算するため，この手法を「分散分析」と呼び，因子が1つの場合の分散分析を「一元配置分散分析」と呼ぶ．

なお，分散分析の P 値の計算は非常に複雑なので，実務では Excel や R を用いて求めるとよい．Excel では，「分析ツール」に分散分析表を自動作成してくれる機能がある．

なお，P 値の結果の解釈は，他の検定手法で同じである．つまり，

　P 値 $\leqq$ 0.05 の場合：帰無仮説を棄却する　　（有意である）

　P 値 $>$ 0.05 の場合：帰無仮説を棄却しない　（有意ではない）

と解釈すればよい．

■ 多重比較法

分散分析は，因子内の試料の平均値が等しいかどうかを検定している．例えば，4つの試料(A，B，C，D)の評価結果の平均値を比較するための分散分析の P 値が有意であった場合，4つの試料の平均値が等しくないことを意味しているが，具体的にどの試料(水準)間に有意差があるかまではわからない．そこ

で，分散分析で有意となった場合は，多重比較を用いると，どの水準間に有意差があるかを調べることができる．多重比較の方法は複数あるが，よく使用される手法と特徴を以下に説明する．

① Tukey（テューキー）の方法

データの正規性と等分散性を仮定する多重比較法で，すべての組合せの水準比較を行う．一元配置分散分析の多重比較として最もよく使用される．

② Scheffe（シェッフェ）の方法

データの正規性と等分散性を仮定する多重比較法で，すべての組合せの水準比較だけでなく，いくつかの水準をまとめたグループ間の比較もできる．一元配置分散分析と同じ F 統計量（F 値）を用いるため，分散分析の結果と矛盾しない．

③ Games-Howell（ゲームス - ハウエル）の方法

データの正規性を仮定する多重比較法で，すべての組合せの水準比較を行う．等分散性を仮定しない Welch 検定時の多重比較として使用される．

④ Dunnett（ダネット）の方法

データの正規性を仮定する多重比較法で，1 つの対照群とその他の処置群との比較を行う．すべての組合せの水準比較をする場合の検定の繰り返し数は $k(k-1)/2$ 回であるのに対し，対象群と処置群を比較する場合の繰り返し数は $(k-1)$ 回となるため，検出力が高くなる．

⑤ Steel-Dwass の方法

データの正規性を仮定しない多重比較法で，すべての組合せの水準比較を行う．Kruskal-Wallis 検定時の多重比較として使用される．

⑥ Bonferroni(ボンフェローニ)の方法

有意確率(または有意水準)を検定の繰り返し数に応じて調整する多重比較で，すべての組合せの水準比較を行う．手計算でもできるため，よく利用されるが，比較する水準の数が多くなると検出力が低くなる．

例えば，4つの試料(A，B，C，D)の水準を比較する場合の検定の繰り返し数は，A-B，A-C，A-D，B-C，B-D，C-Dの6通りであるため，それぞれの組合せの P 値に6をかけて(または有意水準を6で割って)調整する．

⑦ Holmeの方法

Bonferroniの方法を改良した多重比較の方法である．P 値の大きさによって有意確率(または有意水準)を調整する検定の繰り返し数を変えるため，Bonferroniよりも有意差が出やすくなる特徴がある．

例えば，4つの試料(A，B，C，D)の水準を比較する場合，P 値が1番小さい組合せに6をかけて調整を行う．次に，P 値が2番目に小さい組合せに5をかけて調整し，さらに，P 値が3番目に小さい組合せに4をかけて調整していく．このように，P 値の大きさによって調整を段階的に変えていく方法である．

■ 例題 7.3

24名の消費者パネルに，ある4つの香水(A，B，C，D)の香りを次のような7段階で評価させた．

(7：とても良い，6：良い，5：やや良い，4：普通，3：やや悪い，2：悪い，1：とても悪い)

A	B	C	D
7	6	3	3
4	7	3	2
6	4	4	3
5	7	2	5
4	4	3	3
6	5	4	4

4つの香水の評価に差があるといえるか．

■ データのグラフ化

データの数が少ない場合のグラフ化は，生データをプロットするドットプロットが有効である．

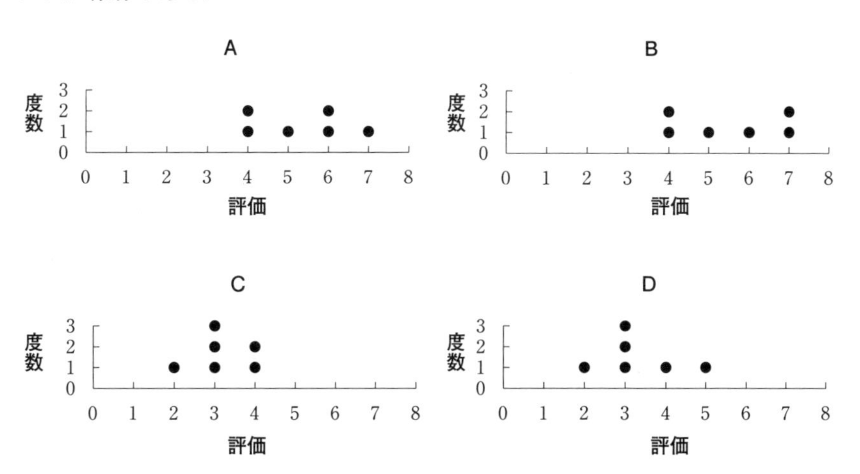

■ 要約統計量の計算とグラフ化

香水Aの平均値は5.33，香水Bの平均値は5.50，香水Cの平均値は3.17，香水Dの平均値は3.33で，香水Aと香水Bの平均値が高い．

	A	B	C	D
平均値	5.33	5.50	3.17	3.33
標準偏差	1.211	1.378	0.753	1.033
分散	2.422	2.757	1.506	2.066

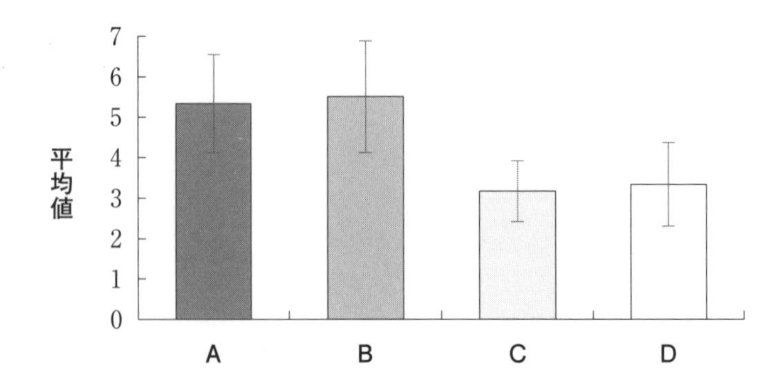

■ 仮説の設定

帰無仮説 H_0：すべての香水の平均値は等しい．

$$\mu_{(香水A)} = \mu_{(香水B)} = \mu_{(香水C)} = \mu_{(香水D)}$$

対立仮説 H_1：少なくとも1つ以上の香水の平均値は等しくない．

■ Excelによる解析

以下のように集計結果，統計量を入力する．

	A	B	C	D	E	F	G	H	I	J
1	A	B	C	D			A	B	C	D
2	7	6	3	3		平均値	5.33	5.50	3.17	3.33
3	4	7	3	2		標準偏差	1.211	1.378	0.753	1.033
4	6	4	4	3		分散	2.422	2.757	1.506	2.066
5	5	7	2	5						
6	4	4	3	3						
7	6	5	4	4						
8										
9										
10										
11	分散分析: 一元配置									
12										
13	概要									
14	グループ	データ数	合計	平均	分散					
15	A	6	32	5.33	1.47					
16	B	6	33	5.50	1.90					
17	C	6	19	3.17	0.57					
18	D	6	20	3.33	1.07					
19										
20										
21	分散分析表									
22	要因	平方和	自由度	分散	F値	P値	F 境界値			
23	香水	28.3	3	9.44	7.56	0.0014	3.098			
24	誤差	25.0	20	1.25						
25										
26	合計	53.3	23							
27										

分散分析は，Excelアドインの「分析ツール」を使用すると自動で出力できる．

① 「データ」タブを開いて，「分析ツール」を選択する．

② データダイアログボックスの「分散分析：一元配置」を選択する．

③ 「OK」をクリックする．

④ 「入力範囲」にデータが入力されている範囲(A1：D7)を指定する．

⑤ 「先頭行をラベルとして使用」を選択する．

⑥ 「出力先」を選択し，任意のセル(A11)を指定する．

⑦ 「OK」をクリックする．

(注) 分散分析表内の用語は一般的な統計用語に書き換えている．

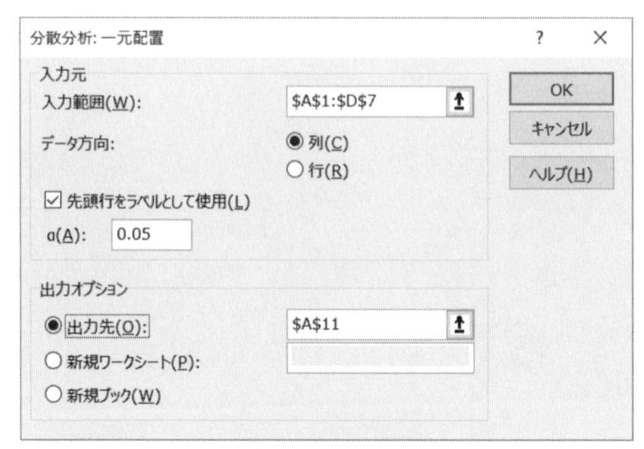

分析ツールの画面

■Rによる解析

(1) コマンド入力と解析結果

```
> mv<- c(7,4,6,5,4,6,6,7,4,7,4,5,3,3,4,2,3,4,3,2,3,5,3,4)
> fx=factor(rep(c("A", "B", "C", "D"), c(6, 6, 6, 6)))
> anova(aov(mv~fx))
```

```
Analysis of Variance Table

Response: mv
          Df Sum Sq Mean Sq F value   Pr(>F)
fx         3 28.333  9.4444  7.5556 0.001435 **
Residuals 20 25.000  1.2500
---
Signif. codes:  0 '***' 0.001 '**' 0.01 '*' 0.05 '.' 0.1 ' ' 1
```

(2) コマンド解説

mv<- c(7,4,6,5,4,6,6,7,4,7,4,5,3,3,4,2,3,4,3,2,3,5,3,4)

評価結果を入力して **mv** と定義する（従属変数）

fx=factor(rep(c("A", "B", "C", "D"), c(6, 6, 6, 6)))

データに香水の種類をラベル付けして **fx** と定義する（因子）

anova(aov(mv~fx)) # 一元配置分散分析を実行する

一元配置分散分析を実行するには **anova** を用いる．コマンドの形式は次のとおりである．

```
anova(aov(従属変数 ~ 因子))
```

※因子と従属変数をそれぞれ指定する．この例では **(mv~fx)** と指定．

■ 結果の見方

一元配置分散分析の P 値 = 0.001435 < 0.05 であるから有意である．したがって，H_0 は棄却される．すなわち，「4つの香水の評価に差があるといえる」と判定される．

【Welch 検定の方法】

この例では，4つの香水(A，B，C，D)のばらつきは同程度であり，等分散を仮定する(分散は等しい)一元配置分散分析を適用した．Welch 検定は，等分散を仮定しない(分散は等しくない)場合に適用するとよい．目安として，グループ間の分散が2倍以上異なる場合は，Welch 検定を適用するほうが望ましい．また，Welch 検定は等分散の場合にも適用できるため，等分散かどうかの判断が難しい場合は Welch 検定を適用すればよい．

Welch 検定の R コマンドは以下のとおりである．

```
> oneway.test(mv~fx, var.equal=FALSE)
```

```
        One-way analysis of means (not assuming equal variances)

data:  mv and fx
F = 7.1194, num df = 3.000, denom df = 10.824, p-value = 0.006511
```

Welch 検定を実行するには **oneway.test** を用いる．

```
oneway.test(従属変数 ~ 因子 , var.equal=FALSE))
```

※**var.equal** は分散の仮定を指定するオプションである．
FALSE(F)：等分散を仮定しない = Welch 検定を実行
TRUE(T)　：等分散を仮定する　= 一元配置分散分析を実行

上記のとおり，**oneway.test** を用いても一元配置分散分析を実行できるが，分散分析表が作成されない点に注意されたい．本書では，分散分析表が自動作成される **anova** を使用した．

■ 多重比較

一元配置分散分析の結果が有意であったが，これは香水全体(A ～ D)の評価の平均値が等しくないことを意味しているが，具体的に，どの香水間に有意差があるかまではわからない．そこで，多重比較法を用いて水準比較を行い，どの香水間に有意差が認められるかを確認する．

ここでは，一元配置分散分析のあとの多重比較としてよく使用されるTukey(テューキー)の方法を用いて解析する．

■ R による解析

(1) コマンド入力と解析結果

```
> mv<- c(7,4,6,5,4,6,6,7,4,7,4,5,3,3,4,2,3,4,3,2,3,5,3,4)
> fx=factor(rep(c("A", "B", "C", "D"), c(6, 6, 6, 6)))
> TukeyHSD(aov(mv~fx), conf.level=0.95)
```

```
  Tukey multiple comparisons of means
    95% family-wise confidence level

Fit: aov(formula = mv ~ fx)

$fx
          diff       lwr        upr     p adj
B-A  0.1666667 -1.640039  1.9733722 0.9937698
C-A -2.1666667 -3.973372 -0.3599612 0.0152771
D-A -2.0000000 -3.806706 -0.1932945 0.0267264
C-B -2.3333333 -4.140039 -0.5266278 0.0086211
D-B -2.1666667 -3.973372 -0.3599612 0.0152771
D-C  0.1666667 -1.640039  1.9733722 0.9937698
```

(2) コマンド解説

Tukey の多重比較を実行するには **TukeyHSD** を用いる．なお，データの入力までは，一元配置分散分析と同様である．

```
TukeyHSD(aov(従属変数 ~ 因子), conf.level=0.95)
```

※ **conf.level** オプションで信頼区間の信頼水準を指定できるが，省略した場合は 95% 信頼区間が出力される．

■ 結果の見方（多重比較）

C-A，D-A，C-B，D-B の組合せが有意であり（P 値 < 0.05），香水 A と香水 B は，香水 C と香水 D よりも評価が高い．

7.4 二元配置分散分析(繰り返しなし)

■ 2つの要因を組み合わせた平均値の比較の手法

一元配置分散分析は1つの要因(例えば，試料)を因子として取り上げて特性の平均値を比較する手法であった．ここで取り上げる二元配置分散分析は，2つの要因(例えば，試料とパネル)を因子として取り上げて，グループ間の平均値を比較する手法である．

二元配置分散分析も一元配置分散分析と同様に正規性と等分散性を仮定する．したがって，これらの前提条件が保証されていない状況では，ノンパラメトリック検定と呼ばれる手法を用いるほうが無難である．

■ 二元配置分散分析と分散分析表

二元配置分散分析の分散分析表の例を以下に示す．

分散分析表の例

要因	平方和	自由度	分散	*F* 値	*P* 値
因子A(パネル)	30.4	5	6.075	6.16	0.003
因子B(試料)	18.5	3	6.153	6.24	0.006
誤差	14.8	15	0.986		
全体	63.6	23			

分散分析表に表示されている「因子」とは，実験の結果として測定する特性値に影響を与える要因のことで，実験時に意図的に変化させているもの(比較しているもの)である．このとき，二元配置では因子を2つ取り上げて実験を実施して，結果を分析する．

なお，2つの因子で説明しきれないものは「誤差」として扱う．因子の分散と誤差の分散の比を分散比(因子の分散 ÷ 誤差の分散)といい，*F* 値とも呼んでいる．*F* 値と自由度から *P* 値が計算される．

一元配置分散分析と同様に，Excelでは，「分析ツール」を使用すると分散分析表を作成できる．なお，P 値の見方は，他の検定手法で同じである．つまり，

P 値 $\leqq 0.05$ の場合：帰無仮説を棄却する　（有意である）

P 値 > 0.05 の場合：帰無仮説を棄却しない（有意ではない）

と解釈すればよい．

■ ブロック因子と局所管理

この例では，因子に「試料」と「パネル」を取り上げて二元配置分散分析を行っているが，実際に興味があるのは，試料間に有意差が認められるかどうかであり，評価者間に有意差があるかどうかに興味はない．しかし，評価者を因子として取り上げないと，評価者の個体差が誤差に含まれて，誤差が大きくなり，試料間の有意差が検出されにくくなる．そこで，評価者を因子として取り上げることで，個体差の影響と誤差を分離することができる．このような考え方で取り上げる「パネル」のような因子を「ブロック因子」と呼んでいる．

一般に，ブロック因子として設定されるものとしては，人，日時，場所などがある．

■ 例題 7.4

6名の消費者パネルに，ある4つの香水(A，B，C，D)の香りを1人4つずつ，次のような7段階で評価させた．

(7：とても良い，6：良い，5：やや良い，4：普通，3：やや悪い，2：悪い，1：とても悪い)

パネル	A	B	C	D
P1	5	6	4	2
P2	3	4	2	1
P3	7	5	5	5
P4	5	7	2	5
P5	4	4	3	3
P6	7	6	5	5

4つの香水の評価に差があるといえるか．

■ データのグラフ化

P3とP6は全体的に評価が高く，P2とP5は全体的な評価が低く，評価は人による個体差があるように見える．

(注)　4つの香水を評価する順番は，評価者ごとにランダムに決めている．

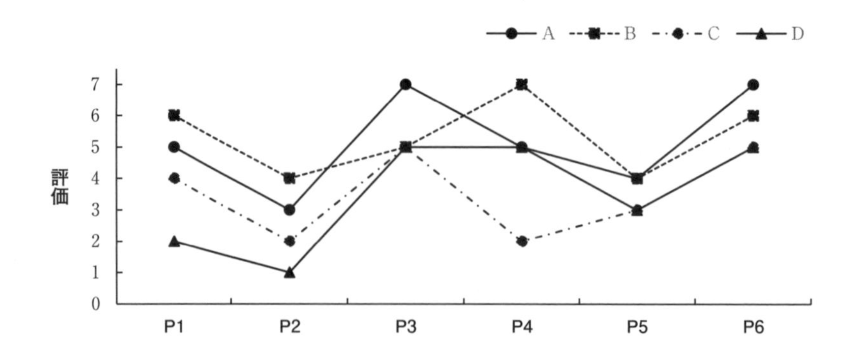

■ 要約統計量の計算とグラフ化

香水Aの平均値は5.17，香水Bの平均値は5.33，香水Cの平均値は3.50，香水Dの平均値は3.50で，香水Aと香水Bの平均値が高い．

	A	B	C	D
平均値	5.17	5.33	3.50	3.50
標準偏差	1.602	1.211	1.378	1.761
分散	3.204	2.422	2.757	3.521

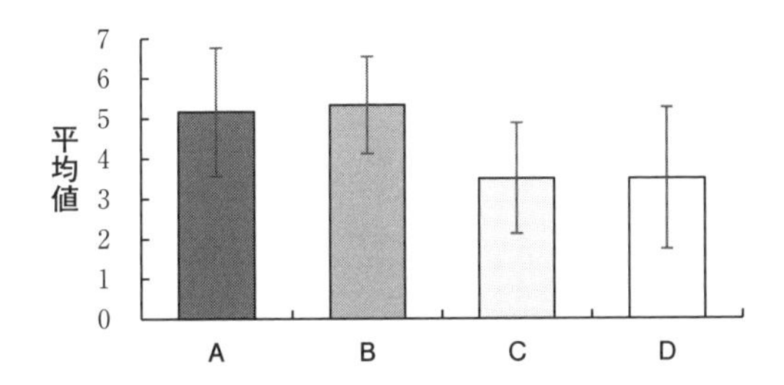

■ 仮説の設定

帰無仮説 H_0：すべての香水の母平均は等しい．

$$\mu_{(香水A)} = \mu_{(香水B)} = \mu_{(香水C)} = \mu_{(香水D)}$$

対立仮説 H_1：少なくとも1つ以上の香水の母平均は等しくない．

■ Excelによる解析

以下のように集計結果，統計量を入力する．

	A	B	C	D	E
1	パネル	A	B	C	D
2	P1	5	6	4	2
3	P2	3	4	2	1
4	P3	7	5	5	5
5	P4	5	7	2	5
6	P5	4	4	3	3
7	P6	7	6	5	5

	G	H	I	J	K
1		A	B	C	D
2	平均値	5.17	5.33	3.50	3.50
3	標準偏差	1.602	1.211	1.378	1.761
4	分散	3.204	2.422	2.757	3.521

分散分析: 繰り返しのない二元配置

概要	データ数	合計	平均	分散
P1	4	17	4.25	2.917
P2	4	10	2.50	1.667
P3	4	22	5.50	1.000
P4	4	19	4.75	4.250
P5	4	14	3.50	0.333
P6	4	23	5.75	0.917
A	6	31	5.17	2.567
B	6	32	5.33	1.467
C	6	21	3.50	1.900
D	6	21	3.50	3.100

分散分析表

要因	平方和	自由度	分散	F値	P値	F 境界値
パネル	30.4	5	6.08	6.16	0.0027	2.901
香水	18.5	3	6.15	6.24	0.0058	3.287
誤差	14.8	15	0.99			
合計	63.6	23				

分散分析は，Excelアドインの「分析ツール」を使用すると自動で出力できる．

① 「データ」タブを開いて，「分析ツール」を選択する．

② 「分散分析：繰り返しのない二元配置」を選択する．

③ 「OK」をクリックする．

④ 「入力範囲」にデータが入力されている範囲(A1：E7)を指定する．

⑤ 「ラベル」を選択する．

⑥ 「出力先」を選択し，任意のセル(A11)を指定する．

⑦ 「OK」をクリックする．

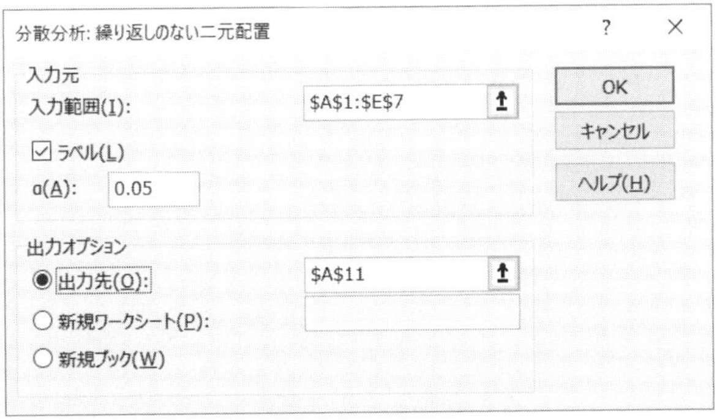

分散分析: 繰り返しのない二元配置　?　×

入力元

入力範囲(I): $A$1:$E$7

☑ ラベル(L)

α(A): 0.05

OK

キャンセル

ヘルプ(H)

出力オプション

◉ 出力先(O): $A$11

○ 新規ワークシート(P):

○ 新規ブック(W)

分析ツールの画面

■ R による解析

(1)　コマンド入力と解析結果

```
> y <- c(5,6,4,2,3,4,2,1,7,5,5,5,5,7,2,5,4,4,3,3,7,6,5,5)
> fac_P <- rep(c("P1", "P2", "P3", "P4", "P5", "P6"), c(4, 4, 4, 4, 4, 4))
> fac_A <- rep(c("A", "B", "C", "D"), length.out = 24)
> anova(aov(y ~ fac_A + fac_P))
```

```
Analysis of Variance Table

Response: y
          Df Sum Sq Mean Sq F value   Pr(>F)
fac_A      3 18.458  6.1528  6.2394 0.005807 **
fac_P      5 30.375  6.0750  6.1606 0.002699 **
Residuals 15 14.792  0.9861
---
Signif. codes:  0 '***' 0.001 '**' 0.01 '*' 0.05 '.' 0.1 ' ' 1
```

(2)　コマンド解説

y<-c(5,6,4,2,3,4,2,1,7,5,5,5,5,7,2,5,4,4,3,3,7,6,5,5)

　# 評価結果を横方向に入力して **y** と定義する（従属変数）

fac_P<-rep(c("P1","P2","P3","P4","P5","P6"),c(4,4,4,4,4,4))

　# データにパネルをラベル付けして **fp** と定義する（ブロック因子）

fac_A<-rep(c("A","B","C","D"),length.out = 24)

　# データに香水の種類をラベル付けして **fa** と定義する（因子）

anova(aov(y ~ fac_A + fac_P))

二元配置分散分析を実行するには **anova** を用いる．コマンドの形式は次のとおりである．

```
anova(aov(従属変数 ~ 因子 A+ 因子 B))
```

※ 従属変数と因子を指定する．この例では **(y~fac_A+fac_P)** と指定．

■ 結果の見方

fa(香料)の P 値 $= 0.005873 < 0.05$ であるから有意である．したがって，H_0 は棄却される．すなわち，「4つの香水の母平均には差があるといえる」と判定される．

■ ブロック因子の無視

パネルを因子として取り上げずに，単なる繰り返しとして，一元配置分散分析を行うと次のような結果が得られる．

```
> y <- c(5,6,4,2,3,4,2,1,7,5,5,5,5,7,2,5,4,4,3,3,7,6,5,5)
> fac_A <- rep(c("A", "B", "C", "D"), length.out = 24)
> anova(aov(y ~ fac_A))
```

```
Analysis of Variance Table

Response: y
          Df Sum Sq Mean Sq F value  Pr(>F)
fac_A      3 18.458  6.1528  2.7245 0.07139 .
Residuals 20 45.167  2.2583
---
Signif. codes:  0 '***' 0.001 '**' 0.01 '*' 0.05 '.' 0.1 ' ' 1
```

評価者による違いが誤差に混入し，誤差が大きくなるため，香水の因子は有意とならなくなる(P 値 $= 0.07139$)．このような現象を避けるために，有意かどうかに興味のないパネルという因子をわざわざ取り上げて，誤差と分離させているのである．

7.5　二元配置分散分析(繰り返しあり)

■ 繰り返しのあるデータ

二元配置分散分析は，同一条件で2人以上ずつ評価(測定)することで，交互作用(組合せ効果)を検討することができる．例えば，2種類の紅茶と4種類のケーキについて，おいしさを評価するような場合を考えてみよう．

	ケーキA	ケーキB	ケーキC	ケーキD
ミルクティー	4	5	6	3
	4	6	5	4
	5	4	5	4
	5	4	7	3
	2	5	5	4
レモンティー	5	4	3	5
	4	5	2	4
	3	4	3	4
	2	5	4	3
	4	4	5	4

因子はケーキと紅茶の2つで，ケーキと紅茶の組合せは$4 \times 2 = 8$通りある．1つの条件下(例えば，レモンティーとケーキAの組合せ)で5人ずつおいしさが評価されているので，このデータは繰り返しのある二元配置分散分析となり，交互作用の検討が可能となる．表中の数値は採点結果としている．

(注)　各組合せを評価する5人は組合せごとに異なる．

■ 交互作用

交互作用とは，2つの因子の組合せ効果のことである．例えば，ミルクティーのときはケーキCの評価が最も高く，レモンティーのときにはケーキBの評価が高い．このような現象を交互作用と呼ぶ．もし，交互作用がない場合は，どの紅茶の種類でも最もおいしいケーキの評価は変わらないことになる．次に因子を組み合わせたグラフの例を示そう．

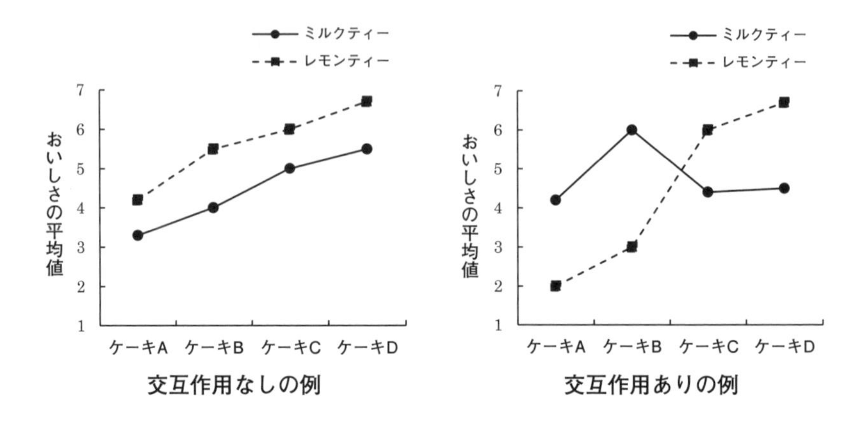

■ 繰り返しのある二元配置分散分析の分散分析表

繰り返しのある二元配置分散分析の分散分析表の例を以下に示す.

分散分析表の例

要因	平方和	自由度	分散	*F* 値	*P* 値
因子 A(紅茶)	4.23	1	4.225	5.04	0.0317
因子 B(ケーキ)	5.68	3	1.892	2.26	0.1005
A×B(交互作用)	9.08	3	3.025	3.61	0.0236
誤差	26.80	32	0.838		
全体	45.78	39			

(繰り返しのない)二元配置分散分析と同様に, 分散分析表に表示されている「因子」は実験の結果として測定する特性値に影響を与える要因のことで, 実験時に意図的に変化させているもの(比較しているもの)である. ここでは, 因子を2つ取り上げる実験を実施し, 結果を分析する. さらに, 繰り返しのあるデータであるため, 交互作用(A×B)があるかないかも検討する.

2つの因子で説明しきれないものは「誤差」として扱う. 因子の分散と誤差の分散の比を分散比(因子の分散 ÷ 誤差の分散)といい, *F* 値とも呼んでいる.

F 値と自由度から P 値が計算される.

(繰り返しのない)二元配置元配置分散分析と同様に, Excel では, 「分析ツール」を使用すると分散分析表を作成できる. なお, P 値の見方は, すべての検定手法で同じである. つまり,

P 値 $\leqq 0.05$ の場合：帰無仮説を棄却する　(有意である)

P 値 > 0.05 の場合：帰無仮説を棄却しない(有意ではない)

と解釈すればよい.

■ 例題 7.5

4 種類のケーキと 2 種類の紅茶を飲食して, おいしさを比較する実験を実施した. 組合せごとに 5 人, 合計 $5 \times 8 = 40$ 人のパネルを用意して, おいしさを 7 段階(1 がまずい, 7 がおいしい)で評価した. パネル 40 人は無作為に 8 つのグループに分けて, それぞれケーキと紅茶の組合せで 1 回ずつ試食した.

	ケーキ A	ケーキ B	ケーキ C	ケーキ D
ミルクティー	4	5	6	3
	4	6	5	4
	5	4	5	4
	5	4	7	3
	2	5	5	4
レモンティー	5	4	3	5
	4	5	2	4
	3	4	3	4
	2	5	4	3
	4	4	5	4

ケーキと紅茶について, それぞれ有意差があるかどうか, また, ケーキと紅茶の交互作用があるかどうか解析せよ(データは先の例と同じ).

■ データのグラフ化

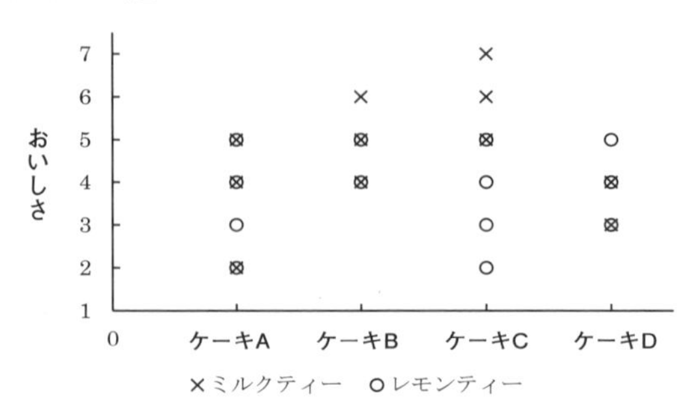

■ 平均値の計算とグラフ化

二元表

	ケーキ A	ケーキ B	ケーキ C	ケーキ D
ミルクティー	4.0	4.8	5.6	3.6
レモンティー	3.6	4.4	3.4	4.0

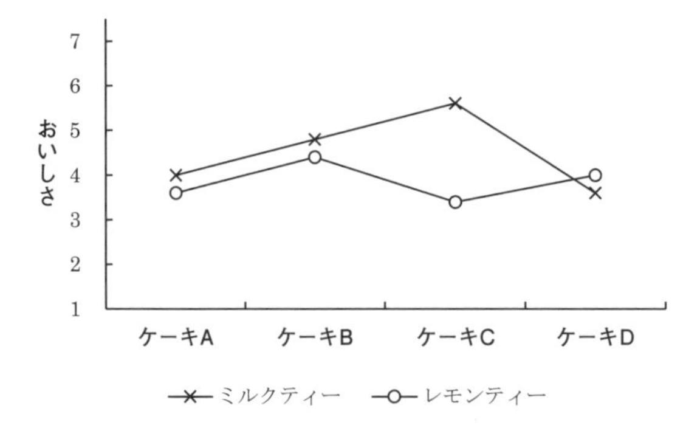

ケーキ A，ケーキ B，ケーキ C は，ミルクティーのほうがおいしさの評価が高い．ケーキ D は，レモンティーのほうがおいしさの評価が高い．また，ミルクティーでは，ケーキ C が最も評価が高く，レモンティーではケーキ B が最も評価が高い．交互作用はありそうである．

■ 仮説の設定

① 帰無仮説 H_0：すべての紅茶の母平均は等しい．

$$\mu_{(\text{ミルクティー})} = \mu_{(\text{レモンティー})}$$

対立仮説 H_1：少なくとも 1 つ以上の紅茶の母平均は等しくない．

② 帰無仮説 H_0：すべてのケーキの母平均は等しい．

$$\mu_{(\text{ケーキA})} = \mu_{(\text{ケーキB})} = \mu_{(\text{ケーキC})} = \mu_{(\text{ケーキD})}$$

対立仮説 H_1：少なくとも 1 つ以上のケーキの母平均は等しくない．

③ 帰無仮説 H_0：紅茶とケーキに交互作用はない．

対立仮説 H_1：紅茶とケーキに交互作用はある．

■ Excel による解析

以下のようにデータを入力する．

	A	B	C	D	E	F	G	H
1		ケーキ1	ケーキ2	ケーキ3	ケーキ4			
2	ミルクティー	4	5	6	3			
3		4	6	5	4			
4		5	4	5	4			
5		5	4	7	3			
6		2	5	5	4			
7	レモンティー	5	4	3	5			
8		4	5	2	4			
9		3	4	3	4			
10		2	5	4	3			
11		4	4	5	4			
12								
13	分散分析: 繰り返しのある二元配置							
14								
15	概要	ケーキ1	ケーキ2	ケーキ3	ケーキ4	合計		
16	ミルクティー							
17	データの個数	5	5	5	5	20		
18	合計	20	24	28	18	90		
19	平均	4	4.8	5.6	3.6	4.5		
20	分散	1.5	0.7	0.8	0.3	1.315789		
21								
22	レモンティー							
23	データの個数	5	5	5	5	20		
24	合計	18	22	17	20	77		
25	平均	3.6	4.4	3.4	4	3.85		
26	分散	1.3	0.3	1.3	0.5	0.871053		
27								
28	合計							
29	データの個数	10	10	10	10			
30	合計	38	46	45	38			
31	平均	3.8	4.6	4.5	3.8			
32	分散	1.288889	0.488889	2.277778	0.4			

33							
34							
35	分散分析表						
36	変動要因	変動	自由度	分散	された分	P-値	F 境界値
37	標本	4.225	1	4.225	5.044776	0.031734	4.149097
38	列	5.675	3	1.891667	2.258706	0.100523	2.90112
39	交互作用	9.075	3	3.025	3.61194	0.023622	2.90112
40	繰り返し誤差	26.8	32	0.8375			
41							
42	合計	45.775	39				
43							

（注）　分散分析表の標本とは行のことで紅茶の種類，列とはケーキの種類を示している．

分散分析は，Excel アドインの「分析ツール」を使用すると自動で出力できる．

① 「データ」タブを開いて，「分析ツール」を選択する．
② 「分散分析：繰り返しのある二元配置」を選択する．
③ 「OK」をクリックする．
④ 「入力範囲」にデータが入力されている範囲(A1：E11)を指定する．
⑤ 「1 標本あたりの行数」に繰り返し数の 5 を入力する．
⑥ 「出力先」を選択し，任意のセル(A13)を指定する．
⑦ 「OK」をクリックする．

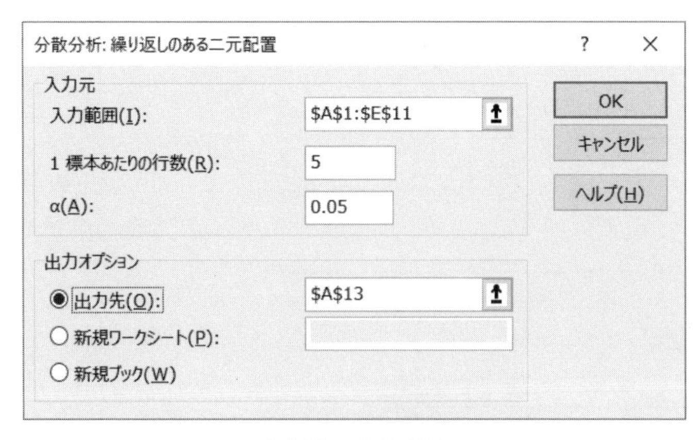

分析ツールの画面

■ R による解析

(1) コマンド入力と解析結果

```
> y <-c(4,4,5,5,2,5,6,4,4,5,6,5,5,7,5,3,4,4,3,4,5,4,3,2,4,4,5,4,5,4,3,2,3,4,$
> fac_A <- rep(c("ミルク", "レモン"), c(20,20))
> fac_B <- rep(rep(c("A", "B", "C", "D"), c(5, 5, 5, 5)),length.out = 40)
> anova(aov(y ~ fac_A * fac_B))
Analysis of Variance Table

Response: y
            Df Sum Sq Mean Sq F value  Pr(>F)
fac_A        1  4.225  4.2250  5.0448 0.03173 *
fac_B        3  5.675  1.8917  2.2587 0.10052
fac_A:fac_B  3  9.075  3.0250  3.6119 0.02362 *
Residuals   32 26.800  0.8375
---
Signif. codes:  0 '***' 0.001 '**' 0.01 '*' 0.05 '.' 0.1 ' ' 1
```

(2) コマンド解説

y<c(4,4,5,5,2,5,6,4,4,5,6,5,5,7,5,3,4,4,3,4,5,4,3,2,4,
4,5,4,5,4,3,2,3,4,5,5,4,4,3,4)

評価結果を入力して **y** と定義する（従属変数）

fac_A <- rep(c(" ミルク "," レモン "),c(20,20))

データに香水の種類をラベル付けして **fac_A** と定義する（因子 A）

fac_B<-rep(rep(c("A","B","C","D"),c(5,5,5,5)),length.out=40))

データに香水の種類をラベル付けして **fac_B** と定義する（因子 B）

anova(aov(y~fac_A*fac_B))

二元配置分散分析を実行するには **anova** を用いる．コマンドの形式は次のとおりである．

anova(aov(従属変数 **~** 因子 **A*** 因子 **B))**

※ 交互作用の指定は「*」を用いる．

※ 交互作用項の因子は，主効果の検定も自動で行われる．

■ 結果の見方

紅茶とケーキの交互作用は P 値 $= 0.002362 < 0.05$ であるから有意である．したがって，交互作用に関する H_0 は棄却される．すなわち，「紅茶とケーキに交互作用がある」と判定される．

第8章

順位法

この章では順位法を取り上げる．複数の試料を比較しながら評価して，好ましいと思われる順に順位を付ける方法が順位法で，この方法で得られる順位データを解析するための統計的方法として，ノンパラメトリック法と呼ばれる方法を紹介する．

8.1　試料に着目した解析

■ 順位法

順位法は，異なる t 個の試料を提示して，パネルの好きな順に1位から最下位まで順位を付けさせる方法である．

A	B	C	D	E
(　　)位	(　　)位	(　　)位	(　　)位	(　　)位

注1)　刺激の程度が異なる複数個の試料を提示して，どの順に刺激が強いかを答えさせることで，識別能力を判定する場合にも用いることができる．

注2)　提示する試料の数が多いときには，1位から最下位までのすべての順位を付けさせないで，好きな順に3位まで，あるいは，上位と下位をそれぞれ2位までというように，部分的に順位を付けさせる方法を用いるほうがよい．

注3)　順位法の回答用紙は次のような様式もある．

1位	2位	3位	4位	5位
(　　)	(　　)	(　　)	(　　)	(　　)

■ 順位法の解析手法

順位法のデータは，試料に着目した解析とパネルに着目した解析の2つに分類できる．試料に着目した解析とは，試料間に順位の差があるかを調べるための解析で，Friedman 検定(フリードマン検定)が使われる．一方，パネルに着目した解析とは，パネルの中の2人の順位の付け方が似ているかどうかを見る解析で，Spearman の順位相関係数と Kendall の順位相関係数がある．また，3人以上のパネルの順位の付け方に統一性があるかどうかを見る Kendall の一致係数も使われる．以上の手法は，特定の分布を仮定しないノンパラメトリック法に属する手法である．

■ 例題 8.1

10 名のパネルに 4 つ(A, B, C, D)の食品パッケージについて，好ましいと感じる順に 1 位から 4 位の順位を付けさせた.

パネル	A	B	C	D
1	4	3	2	1
2	4	3	2	1
3	4	3	2	1
4	3	4	2	1
5	4	3	2	1
6	1	2	4	3
7	3	4	2	1
8	4	3	1	2
9	4	3	2	1
10	4	3	2	1

4 つのパッケージの順位(好ましさ)に差があるといえるか.

■ 要約統計量の計算とグラフ化

パッケージ D が最も評価が高く，次にパッケージ C，パッケージ B の順で好まれている.

	A	B	C	D
平均値	3.5	3.1	2.1	1.3
標準偏差	0.97	0.57	0.74	0.67

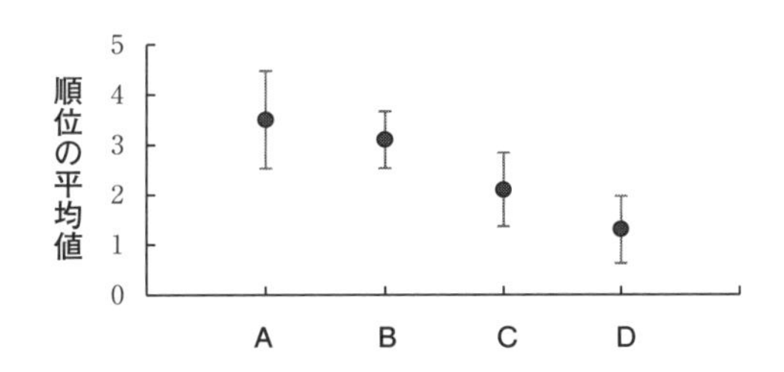

■ 仮説の設定

帰無仮説 H_0：すべての食品パッケージの順位は等しい.

$$\mu_{(A)} = \mu_{(B)} = \mu_{(C)} = \mu_{(D)}$$

対立仮説 H_1：少なくとも１つ以上の食品パッケージの順位は等しくない.

■ R による解析

Excel で Friedman 検定を直接実行する関数はないので，R で解析する方法を示す.

(1) コマンド入力と解析結果

```
> A<-c(4,4,4,3,4,1,3,4,4,4)
> B<-c(3,3,3,4,3,2,4,3,3,3)
> C<-c(2,2,2,2,2,4,2,1,2,2)
> D<-c(1,1,1,1,1,3,1,2,1,1)
> datax<-c(A,B,C,D)
> datay<-matrix(datax,ncol=4)
> friedman.test(datay)
------------------------------------------------------------------
        Friedman rank sum test

data:  datay
Friedman chi-squared = 17.76, df = 3, p-value = 0.0004929
------------------------------------------------------------------
```

(2) コマンド解説

```
A<-c(4,4,4,3,4,1,3,4,4,4)   #A の評価結果を入力して A と定義する
B<-c(3,3,3,4,3,2,4,3,3,3)   #B の評価結果を入力して B と定義する
C<-c(2,2,2,2,2,4,2,1,2,2)   #C の評価結果を入力して C と定義する
D<-c(1,1,1,1,1,3,1,2,1,1)   #D の評価結果を入力して D と定義する
datax<-c(A,B,C,D)        # データを１つに統合し datax と定義する
datay<-matrix(datax,ncol=4)
                         # マトリクス形式に変換し datay と定義する
friedman.test(datay)        #Friedman 検定を実行する
```

Friedman 検定を実行するには **friedman.test** を用いる．コマンドの形式は次のとおりである.

```
friedman.test(マトリクス形式のデータを指定)
```

※**matrix( )** を使用してマトリクス形式のデータを定義する.

ncol は群の数を指定するサブコマンドで，この例(**datax**)では **A** から **D** の 4 つの食品パッケージのデータを入力しているので **ncol=4** としている.

■ 結果の見方

Friedman 検定の P 値 = 0.0004929 < 0.05 であるから有意である．したがって，H_0 は棄却される．すなわち，「4 つの食品パッケージの中心には差があるといえる」と判定される.

■ 多重比較の方法

Friedman 検定で有意差が認められた場合，さらにどの食品パッケージ間に有意差があるかを調べるには多重比較を用いる．Friedman 検定の場合，対応のある 2 群の比較を行う Wilcoxon の符号付き順位検定の結果を，Bonferroni や Holme の方法を用いて調整すればよい．ここでは Bonferroni 調整を用いた多重比較法を紹介する.

例えば，A と B の組合せの場合は以下のようにコマンドを入力する.

```
> wilcox.exact(x=A,y=B,paired=T)
-----------------------------------------------------------
        Exact Wilcoxon signed rank test

data:  A and B
V = 38.5, p-value = 0.3438
alternative hypothesis: true mu is not equal to 0
-----------------------------------------------------------
```

Wilcoxon の符号付き順位検定の P 値 = 0.3438 に検定を繰り返した回数をかけたものが Bonferroni 調整後の有意確率となる.

A と B の組合せ　0.3438×6 = 2.0628　→調整済み P 値 = 1.000

※P 値は 1 を超えることはないので，調整後の値が 1 を超える場合は 1 とする.

食品パッケージの組合せについての多重比較の結果を下表に示す.

試料の組合せ	P 値	調整済み P 値
A と B	0.3438	1.0000
A と C	0.0586	0.3516
A と D	0.0098	0.0588
B と C	0.0508	0.3048
B と D	0.0059	0.0354
C と D	0.0215	0.1290

※Wilcoxon の符号付き順位検定に Bonferroni 調整を行った多重比較の結果

多重比較の結果, B と D の組合せで有意差が認められた(調整済み P 値 = 0.0354). この官能評価では 4 つの食品パッケージの好ましさを比較しているので, 2 つずつの組合せで検定を行う場合, 全部で 6 回検定を繰り返すことになるため, 一般的には Bonferroni 法による調整は有意差が出にくい点に注意されたい.

【Wilcoxon の符号付き順位検定のパッケージ】

R のデフォルトで使用できる **wilcox.test** コマンドは, データにタイ値(同じ値)があると正確な P 値を計算できない. そのため, ここでは **exactRankTests** パッケージを読み込み, **wilcox.exact** を使用している.

〈パッケージの読み込み〉

```
install.packages("exactRankTests")
library("exactRankTests")
```

なお, コマンドの形式は次のとおりである.

```
wilcox.exact(x=A,y=B,paired=T)
```

※**exact=T** で正確な P 値が計算される.

デフォルトはサンプルサイズが 50 未満で T となる.

8.2 パネルに着目した解析— 2人の評価者の関係

■ 相関係数

2人の評価者の順位の付け方が似ているかどうかを見るには，評価者同士の相関係数を計算するとよい．相関係数とは，2つの項目の数値データに関連があるかないか(相関があるかないか)を調べるための統計量である．

相関係数 r は -1 から $+1$ の範囲をとり，マイナス(−)の値の場合は負の相関(一方の値が大きくなるともう一方の値は小さくなる関係)，プラス(+)の値の場合は正の相関(一方の値が大きくなるともう一方の値も大きくなる関係)があると解釈できる．また，相関の強さは絶対値で評価でき，0に近いほど相関が弱く，1に近いほど相関が強いと解釈できる．一般的に相関係数を解釈するときの目安は次のとおりである．

$0.8 \leqq r \leqq 1.0$	かなり強い正の相関
$0.6 \leqq r < 0.8$	強い正の相関
$0.4 \leqq r < 0.6$	正の相関
$0.2 \leqq r < 0.4$	弱い正の相関
$-0.2 < r < 0.2$	無相関(相関なし)
$-0.4 < r \leqq -0.2$	弱い負の相関
$-0.6 < r \leqq -0.4$	負の相関
$-0.8 < r \leqq -0.6$	強い負の相関
$-1.0 \leqq r \leqq -0.8$	かなり強い負の相関

※上記はあくまでも一般の目安である．書籍や分野によって相関係数の評価基準は異なるため，先行研究や同じ領域の評価基準などを確認してほしい．

前節で述べたとおり，順位データの場合はSpearmanの順位相関係数やKendallの順位相関係数を用いる．Spearmanの順位相関係数はExcelとRのどちらでも計算できる．Kendallの順位相関係数はExcelでは複雑で，Rでは容易である．

■ 例題 8.2

下表は，例題 8.1 と同じデータで，行列の形式を入れ替えたものである．パネルは P1 から P10 の 10 名である．

試料	P1	P2	P3	P4	P5	P6	P7	P8	P9	P10
A	4	4	4	3	4	1	3	4	4	4
B	3	3	3	4	3	2	4	3	3	3
C	2	2	2	2	2	4	2	1	2	2
D	1	1	1	1	1	3	1	2	1	1

2 名ずつの評価者の相関係数を求めよ．

■ Excel による解析

Excel では Spearman の順位相関係数が出力できる．順位データに対して，関数 **CORREL** を使用して相関係数を出力すればよい．ただし，一度に複数の組合せの相関係数を算出する場合は，分析ツールを使うと次のような相関行列として求めることができる．

	A	B	C	D	E	F	G	H	I	J	K	L
1		P1	P2	P3	P4	P5	P6	P7	P8	P9	P10	
2	A	4	4	4	3	4	1	3	4	4	4	
3	B	3	3	3	4	3	2	4	3	3	3	
4	C	2	2	2	2	2	4	2	1	2	2	
5	D	1	1	1	1	1	3	1	2	1	1	
6												
7												
8		P1	P2	P3	P4	P5	P6	P7	P8	P9	P10	
9	P1	1										
10	P2	1	1									
11	P3	1	1	1								
12	P4	0.8	0.8	0.8	1							
13	P5	1	1	1	0.8	1						
14	P6	−0.8	−0.8	−0.8	−0.6	−0.8	1					
15	P7	0.8	0.8	0.8	1	0.8	−0.6	1				
16	P8	0.8	0.8	0.8	0.6	0.8	−1	0.6	1			
17	P9	1	1	1	0.8	1	−0.8	0.8	0.8	1		
18	P10	1	1	1	0.8	1	−0.8	0.8	0.8	1	1	
19												

① 「データ」>「データ分析」を選択する.

② メニューの一覧から「相関」を選択して「OK」をクリックする.

③ 「入力範囲」に「$B$1:$K$5」を指定する.

④ データ方向の「列」を選択する.

⑤ 「先頭行をラベルとして使用」にチェックを入れる.

⑥ 任意の出力先を指定して,「OK」をクリックする.

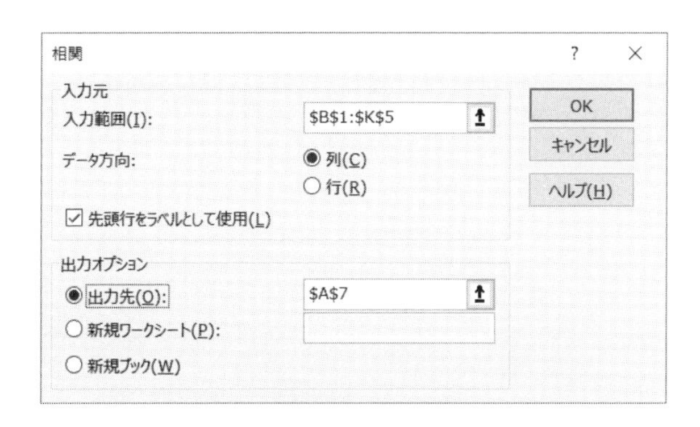

※このメニューは Pearson の(積率)相関係数を求める方法であるが,順位データの場合は Pearson の相関係数と Spearman の順位相関係数の計算結果は同じとなるため,Spearman の順位相関係数として紹介している.

■ R による解析

(1) コマンド入力と解析結果

```
> P1<-c(4,3,2,1)
> P2<-c(4,3,2,1)
> P3<-c(4,3,2,1)
> P4<-c(3,4,2,1)
> P5<-c(4,3,2,1)
> P6<-c(1,2,3,4)
> P7<-c(3,4,2,1)
> P8<-c(4,3,1,2)
> P9<-c(4,3,2,1)
> P10<-c(4,3,2,1)
> data1<-c(P1,P2,P3,P4,P5,P6,P7,P8,P9,P10)
> data2<-matrix(datax,ncol=10)
> colnames(data2) <- c("P1","P2","P3","P4","P5","P6","P7","P8","P9","P10")
> cor(cbind(data2),method = "spearman")
```

```
     P1   P2   P3   P4   P5   P6   P7   P8   P9  P10
P1   1.0  1.0  1.0  0.8  1.0 -1.0  0.8  0.8  1.0  1.0
P2   1.0  1.0  1.0  0.8  1.0 -1.0  0.8  0.8  1.0  1.0
P3   1.0  1.0  1.0  0.8  1.0 -1.0  0.8  0.8  1.0  1.0
P4   0.8  0.8  0.8  1.0  0.8 -0.8  1.0  0.6  0.8  0.8
P5   1.0  1.0  1.0  0.8  1.0 -1.0  0.8  0.8  1.0  1.0
P6  -1.0 -1.0 -1.0 -0.8 -1.0  1.0 -0.8 -0.8 -1.0 -1.0
P7   0.8  0.8  0.8  1.0  0.8 -0.8  1.0  0.6  0.8  0.8
P8   0.8  0.8  0.8  0.6  0.8 -0.8  0.6  1.0  0.8  0.8
P9   1.0  1.0  1.0  0.8  1.0 -1.0  0.8  0.8  1.0  1.0
P10  1.0  1.0  1.0  0.8  1.0 -1.0  0.8  0.8  1.0  1.0
```

```
> cor(cbind(data2),method = "kendall")
            P1         P2         P3         P4         P5         P6
P1   1.0000000  1.0000000  1.0000000  0.6666667  1.0000000 -1.0000000
P2   1.0000000  1.0000000  1.0000000  0.6666667  1.0000000 -1.0000000
P3   1.0000000  1.0000000  1.0000000  0.6666667  1.0000000 -1.0000000
P4   0.6666667  0.6666667  0.6666667  1.0000000  0.6666667 -0.6666667
P5   1.0000000  1.0000000  1.0000000  0.6666667  1.0000000 -1.0000000
P6  -1.0000000 -1.0000000 -1.0000000 -0.6666667 -1.0000000  1.0000000
P7   0.6666667  0.6666667  0.6666667  1.0000000  0.6666667 -0.6666667
P8   0.6666667  0.6666667  0.6666667  0.3333333  0.6666667 -0.6666667
P9   1.0000000  1.0000000  1.0000000  0.6666667  1.0000000 -1.0000000
P10  1.0000000  1.0000000  1.0000000  0.6666667  1.0000000 -1.0000000
            P7         P8         P9        P10
P1   0.6666667  0.6666667  1.0000000  1.0000000
P2   0.6666667  0.6666667  1.0000000  1.0000000
P3   0.6666667  0.6666667  1.0000000  1.0000000
P4   1.0000000  0.3333333  0.6666667  0.6666667
P5   0.6666667  0.6666667  1.0000000  1.0000000
P6  -0.6666667 -0.6666667 -1.0000000 -1.0000000
P7   1.0000000  0.3333333  0.6666667  0.6666667
P8   0.3333333  1.0000000  0.6666667  0.6666667
P9   0.6666667  0.6666667  1.0000000  1.0000000
P10  0.6666667  0.6666667  1.0000000  1.0000000
```

(2) コマンド解説

P1<-c(4,3,2,1)　　#P1 の評価結果を入力して **P2** と定義する

P2<-c(4,3,2,1)　　#P2 の評価結果を入力して **P2** と定義する

P3<-c(4,3,2,1)　　#P3 の評価結果を入力して **P3** と定義する

P4<-c(3,4,2,1)　　#P4 の評価結果を入力して **P4** と定義する

P5<-c(4,3,2,1)　　#P5 の評価結果を入力して **P5** と定義する

P6<-c(1,2,3,4)　　#P6 の評価結果を入力して **P6** と定義する

P7<-c(3,4,2,1)　　#P7 の評価結果を入力して **P7** と定義する

```
P8<-c(4,3,1,2)      #P8の評価結果を入力してP8と定義する
P9<-c(4,3,2,1)      #P9の評価結果を入力してP9と定義する
P10<-c(4,3,2,1)     #P10の評価結果を入力してP10と定義する
data1<-c(P1,P2,P3,P4,P5,P6,P7,P8,P9,P10)
                    #データを1つに統合しdata1と定義する
data2<-matrix(datax,ncol=10)
                    #マトリクス形式に変換しdata2と定義する
colnames(data2)<-c("P1","P2","P3","P4","P5","P6","P7",
                     "P8","P9","P10")
                    #列名にP1からP10と名前を付ける
cor(cbind(data2),method="spearman")
                    #すべての組合せのSpearmanの相関係数を出力する
cor(cbind(data2),method="kendall")
                    #すべての組合せのKendallの相関係数を出力する
```

相関係数を求めるには**cor( )**を用いる．コマンドの形式は次のとおりである．

```
cor(cbind(データ名を指定),method="相関係数の種類")
```

※ **cbind( )**を使用すると，指定したデータのすべての項目の組合せの相関係数を出力される．2つの組合せのみを出力する場合は**cbind(x=,y=)**とし，それぞれXとYを指定すればよい．

※ **method**で相関係数の種類(**Spearman**か**Kendall**)を指定できる．何も指定しない場合は，通常使われるPearsonの相関係数が出力される．

■ 結果の見方

Spearmanの順位相関係数を見ると，ほとんどの組合せの相関係数は0.6以上であり，評価が似ていることが読み取れるが，P6は他のすべての評価者との相関係数がマイナスであり，1人だけ異質な評価をしていることがわかる．

8.3　パネルに着目した解析—全体の評価の一致度

■ 一致係数

2人の評価者の順位の付け方が似ているかどうかを見るのが相関係数だが，全体(全員)の評価が似ているかどうかを見るには，一致係数が用いられる．

前節で確認したとおり，10人のパネルのすべての組合せを算出する組合せは，全部で45通りになる．この45の相関係数の結果を見て，全体として評価が一致しているかどうかを判断するのは難しい．

そこで，全体の評価の類似性や一致度を見る場合は，Kendallの一致係数を用いる．この指標は，0から1の間の値をとり，全体の評価の一致性が高いほど1に近づき，まったく一致していない場合は0となる．一般的な目安としては，0.5以上で一致度が高いと判断することが多い．もし，10人のパネル全員がまったく同じ順位付けをした場合，Kendallの一致係数は1となる．

一致係数Wは次式で計算される．

$$\mathrm{W} = \frac{12S}{n^2(k^3-k)}$$

上式のSは対象(試料)ごとに計算した順位の合計に対する偏差平方和である．一致係数WからP値を求めるには，次の検定統計量χ_0^2を計算する．

$$\chi_0^2 = \mathrm{W}\times n\times(k-1)$$

そして，このχ_0^2が自由度$k-1$のχ^2分布に従うことを利用してP値を計算すると，一致係数が有意かどうかの検定を実施することができる．

■ 例題 8.3

下表は，**例題 8.2** と同じデータで，パネルは P1 から P10 の 10 名である．

試料	P1	P2	P3	P4	P5	P6	P7	P8	P9	P10
A	4	4	4	3	4	1	3	4	4	4
B	3	3	3	4	3	2	4	3	3	3
C	2	2	2	2	2	4	2	1	2	2
D	1	1	1	1	1	3	1	2	1	1

Kendall の一致係数を求めよ．

■ 仮説の設定

帰無仮説 H_0：パネルの順位は一致していない．

対立仮説 H_1：パネルの順位は一致している．

ここで，帰無仮説は「$\mu_{(A)} = \mu_{(B)} = \mu_{(C)} = \mu_{(D)}$」と表現することもできる．この分析の目的は，10 名のパネルの評価の一致性であるが，評価が一致しているということは，4 つの試料(A，B，C，D)の順位付けに差があることを意味するからである．

■ Excelによる解析

Excelでは以下の計算で，Kendallの一致係数を求めることができる．

	A	B	C	D	E	F	G	H	I	J	K	L	M	N	O	P	Q	R
1		P1	P2	P3	P4	P5	P6	P7	P8	P9	P10			A	B	C	D	
2	A	4	4	4	3	4	1	3	4	4	4		平均値	3.5	3.1	2.1	1.3	
3	B	3	3	3	4	3	2	4	3	3	3		標準偏差	0.97	0.57	0.74	0.67	
4	C	2	2	2	2	2	4	2	1	2	2		合計値	35	31	21	13	
5	D	1	1	1	1	1	3	1	2	1	1							
6													偏差平方和	296				
7													n	10				
8													k	4				
9																		
10													**一致係数 W**	0.592				
11													検定統計量	17.76				
12													自由度	3				
13													**P値**	0.000493				
14																		

【Kendallの一致係数の計算】

① 各試料の合計を計算する．

セル N4：**=SUM(B2:K2)**

セル O4：**=SUM(B3:K3)**

セル P4：**=SUM(B4:K4)**

セル Q4：**=SUM(B5:K5)**

② 偏差平方和を計算する．

セル N6：**=DEVSQ(N4:Q4)**

③ データ数 n を入力する．

セル N7：**10**

④ 試料の数 k を入力する．

セル N8：**4**

⑤ 一致係数を計算する．

セル N10：**=12*N6/(N7^2*(N8^3-N8))**

【Kendall の一致係数の有意差検定】

① 検定統計量を計算する．

セル N11：**=N10*N7*(N8-1)**

② 自由度 ϕ を計算する．

セル N12：**=N8-1**

③ 有意確率 P 値を計算する．

セル N13：**=CHISQ.DIST.RT(N11,N12)**

■ R による解析

(1) コマンド入力と解析結果

```
> P1<-c(4,3,2,1)
> P2<-c(4,3,2,1)
> P3<-c(4,3,2,1)
> P4<-c(3,4,2,1)
> P5<-c(4,3,2,1)
> P6<-c(1,2,4,3)
> P7<-c(3,4,2,1)
> P8<-c(4,3,1,2)
> P9<-c(4,3,2,1)
> P10<-c(4,3,2,1)
> data1<-c(P1,P2,P3,P4,P5,P6,P7,P8,P9,P10)
> data2<-matrix(data1,ncol=10)
> KendallW(data2, TRUE, test=TRUE)
```

```
        Kendall's coefficient of concordance Wt

data:  data2
Kendall chi-squared = 17.76, df = 3, subjects = 4, raters = 10, p-value
= 0.0004929
alternative hypothesis: Wt is greater 0
sample estimates:
   Wt
0.592
```

(2) コマンド解説

```
install.packages("DescTools")

library(DescTools)
```

ここでは**DescTools**パッケージを読み込み，**KendallW**を使用してKendallの一致係数を出力する．

```
P1<-c(4,3,2,1)          #P1の評価結果を入力してP2と定義する
P2<-c(4,3,2,1)          #P2の評価結果を入力してP2と定義する
P3<-c(4,3,2,1)          #P3の評価結果を入力してP3と定義する
P4<-c(3,4,2,1)          #P4の評価結果を入力してP4と定義する
P5<-c(4,3,2,1)          #P5の評価結果を入力してP5と定義する
P6<-c(1,2,4,3)          #P6の評価結果を入力してP6と定義する
P7<-c(3,4,2,1)          #P7の評価結果を入力してP7と定義する
P8<-c(4,3,1,2)          #P8の評価結果を入力してP8と定義する
P9<-c(4,3,2,1)          #P9の評価結果を入力してP9と定義する
P10<-c(4,3,2,1)         #P10の評価結果を入力してP10と定義する
data1<-c(P1,P2,P3,P4,P5,P6,P7,P8,P9,P10)
                        #データを1つに統合しdata1と定義する
data2<-matrix(data1,ncol=10)
                        #マトリクス形式に変換しdata2と定義する
KendallW(data2, TRUE, test=TRUE)
                        # Kendallの一致係数と検定結果を出力する
```

Kendallの一致係数を求めるには**KendallW( )**を用いる．コマンドの形式は次のとおりである．

```
KendallW(データ名を指定 , TRUE, test=TRUE)
```

※**TRUE**を指定するとタイ値がある場合に同順位を考慮した計算が実行される．
※**test=TRUE**をしない場合はKendallの一致係数のみが出力される．
※**KendallW( )**は，行方向に対して計算が行われるので，この例で示したように，試料を行，評価者を列に配置したデータセットを作成する必要がある．

■ 結果の見方

P 値 = 0.0004929（< 0.05）であり，有意である．つまり，パネル全体の一致性はあるといえ，Kendall の一致係数は 0.592 となる．

第9章

分割表

この章では分割表と呼ばれる集計表の解析方法を紹介する．分割表は性別と好みというように，2つの項目を組み合わせて集計した結果の表で，2つの項目が無関係かどうかを検証するための検定方法を解説する．

9.1 2×2 分割表の解析

■ 分割表(クロス集計表)

2つの項目を組み合わせて人数や個数を集計した表を分割表あるいはクロス集計表という．次の分割表は，性別が2行(男／女)，好みが2列(好き／嫌い)の「2行2列」で構成されているので，より丁寧に2×2分割表という呼び方もする．

	好き	嫌い
男	20	10
女	15	5

分割表では，行の項目と列の項目が独立かどうか，すなわち，無関係かどうかを検定することが解析目標となる．行(性別)と列(好み)が独立かどうかを調べることは，性別により，好みに差があるかどうかを調べることと同等である．

独立かどうかを調べるときは，独立性の χ^2 検定と呼ばれる検定手法が使われる．この検定の考え方は適合度の χ^2 検定と同じである．したがって，最初に期待度数を計算する必要がある．

■ 分割表の期待度数

分割表における期待度数とは，行(性別)と列(好み)が独立である(関係がない)と仮定したときに，各組合せの度数はいくつと期待されるかという数値であり，行と列の合計を用いて求める．

	好き	嫌い	合計
男	20	10	30
女	15	5	20
合計	35	15	50

分割表における i 行 j 列目の期待度数を t_{ij} とすると，

期待度数 t_{ij} = (i 行の合計) × (j 列の合計) ÷ (総合計)

で，求めることができる.

	1列目	2列目	合計
1行目	t_{11} ①	t_{12} ②	1行の合計
2行目	t_{21} ③	t_{22} ④	2行の合計
合計	1列の合計	2列の合計	総合計

①の期待度数 t_{11} = (1行の合計) × (1列の合計) ÷ (総合計)
②の期待度数 t_{12} = (1行の合計) × (2列の合計) ÷ (総合計)
③の期待度数 t_{21} = (2行の合計) × (1列の合計) ÷ (総合計)
④の期待度数 t_{22} = (2行の合計) × (2列の合計) ÷ (総合計)

■ 独立性の χ^2 検定

この例での期待度数と残差(実測度数 − 期待度数)は，以下のようになる.

〈実測度数〉

	好き	嫌い	合計
男	20	10	30
女	15	5	20
合計	35	15	50

〈期待度数〉

	好き	嫌い
男	21 ①	9 ②
女	14 ③	6 ④

①の期待度数 ＝(30 × 35) ÷ 50 ＝ 21

②の期待度数 ＝(30 × 15) ÷ 50 ＝ 9

③の期待度数 ＝(20 × 35) ÷ 50 ＝ 14

④の期待度数 ＝(20 × 15) ÷ 50 ＝ 6

〈残差〉

	好き	嫌い
男	− 1 (＝ 20 − 21)	1 (＝ 10 − 9)
女	1 (＝ 15 − 14)	− 1 (＝ 5 − 6)

もし，実測度数と期待度数にまったく差がなければ，すべての残差は0になり，実測度数＝期待度数と判定する．すなわち，「行と列に関係があるとはいえない」と解釈できる．

この残差に基づいて次式で計算された値を χ^2 値と呼び，この値が χ^2 分布に従うことを利用して P 値を求める．

$$\chi^2 = \sum \frac{(\text{実測度数} - \text{期待度数})^2}{\text{期待度数}}$$

この例での χ^2 値は，以下のように計算されて，$\chi^2 = 0.3967$ となる．

残差の2乗		好き	嫌い
	男	1	1
	女	1	1

残差の2乗 ÷ 期待度数		好き	嫌い
	男	0.0476 (= 1 ÷ 21)	0.1111 (= 1 ÷ 9)
	女	0.0714 (= 1 ÷ 14)	0.1667 (= 1 ÷ 6)

χ^2 値	0.3967 (= 0.0476 + 0.1111 + 0.0714 + 0.1667)

この残差に基づいて計算された χ^2 値が，χ^2 分布に従うことを利用して P 値を求めるが，χ^2 分布は以下に示すように自由度によって形状が変化する．

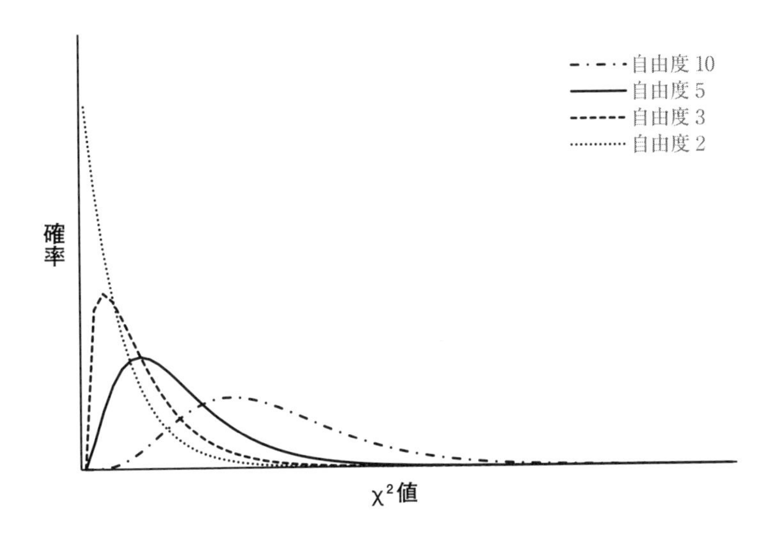

いろいろな自由度の χ^2 分布

χ^2 検定の P 値の解釈は，他の検定手法と同じである．つまり，

P 値≦ 0.05 の場合：帰無仮説を棄却する　(有意である)

P 値＞ 0.05 の場合：帰無仮説を棄却しない(有意ではない)

と解釈すればよい．

■ 例題 9.1

男 50 名，女 50 名の計 100 名のパネルに，食品 A と B を取り上げて，2 点嗜好法を実施した．この結果を集計した表が次の分割表である．

	A	B
男	30	20
女	19	31

男女で A と B の好みに差があるといえるか．

■ データのグラフ化

男性は食品 A，女性は食品 B を好む人が多いように見える．

クロス集計表のグラフは，帯グラフや棒グラフが用いられるが，割合を比較するときは帯グラフのほうが男女の違いがわかりやすい．

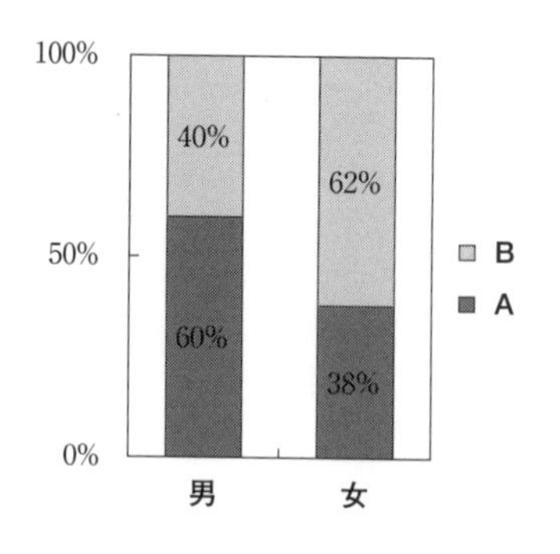

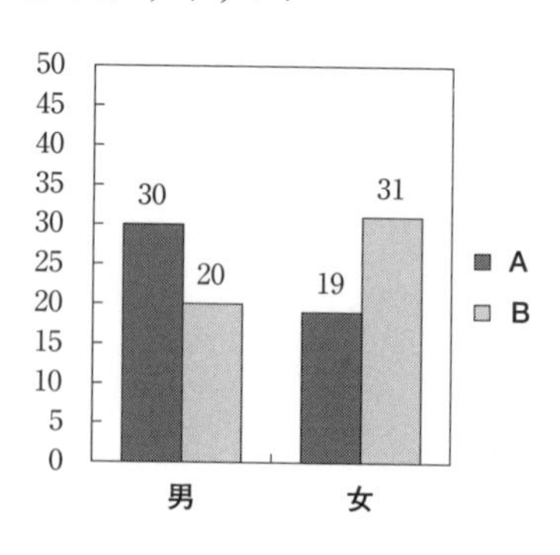

■ 仮説の設定

帰無仮説 H_0：行と列は独立である．※ 性別と食品は関係がない

対立仮説 H_1：行と列は独立でない．※ 性別と食品は関係がある

■ Excel による解析

以下のように集計結果，合計，期待度数，関数を入力する．

	A	B	C	D	E
1	実測度数				
2		A	B	合計	
3	男	30	20	50	
4	女	19	31	50	
5	合計	49	51	100	
6					
7	期待度数				
8		A	B		
9	男	24.5	25.5		
10	女	24.5	25.5		
11					
12	P値	0.02778			
13					

セル B12：**= CHISQ.TEST(B3:C4, B9:C10)**

※ 各セルの期待度数は以下のように「行の合計 × 列の合計 ÷ 総合計」で求める．

セル B9：**= D3*B5 / D5**　　セル C9：**= D3*C5 / D5**

セル B10：**= D4*B5 / D5**　　セル C10：**= D4*C5 / D5**

独立性の χ^2 検定を実施するには **CHISQ.TEST** を用いる．関数の形式は次のとおりである．

```
= CHISQ.TEST( 実測度数の範囲 , 期待度数の範囲 )
```

■Rによる解析

(1)　コマンド入力と解析結果

```
> x <- matrix(c(30,20,19,31),nrow=2,byrow= TRUE)
> chisq.test(x, correct=FALSE)
---------------------------------------------------------------
        Pearson's Chi-squared test

data:  x
X-squared = 4.8419, df = 1, p-value = 0.02778
---------------------------------------------------------------
```

(2)　コマンド解説

x <- matrix(c(30,20,19,31),nrow=2,byrow= TRUE)

　# 分割表を入力して **x** と定義する

独立性の χ^2 検定を実施するには **chisq.test** を用いる．実測度数は分割表の形式で入力する必要がある．

> **chisq.test(** 実測度数 **, correct=TRUE** または **FALSE)**

※ **correct** ← 2×2 分割表の場合にイェーツの補正を加えるかどうかの設定．
"TRUE"(補正あり)，**"FALSE"**(補正あり)．

(注)　イェーツの補正とは，分割表の解析において，χ^2 分布の近似精度を良くするために実施される計算上の修正である．総度数(総合計数)が多いときは不要である．

■ 結果の解釈

P 値 = 0.02778 < 0.05 であるから有意である．したがって，H_0 は棄却される．すなわち，「性別によって食品の好みに差がある」と判定される．なお，グラフから，男性は食品 A，女性は食品 B を好む人が多いと解釈できる．

なお，分割表のセルに「期待度数が 5 未満」のものがあると，検定精度は悪くなり，χ^2 検定の結果は信用できないものとなる．このようなときは「Fisher

の直接確率計算法」と呼ばれる正確な検定方法を使う必要がある．Excel では この方法による計算は不可能だが，R では **fisher.test** というコマンドで実行できる．

【R による分割表の入力方法】

分割表の入力方法はいろいろあるが，ここでは，**matrix** コマンドを使用している．

```
matrix(c(実測度数), nrow= 行の数 , byrow=TRUE または FALSE)
```

※ **nrow**　← 行列の行数を指定．
※ **ncol**　← 行列の列数を指定．
※ **byrow** ← 行列方向を指定．**"TRUE"**(左から右)，**"FALSE"**(上から下)．

2×2 分割表は，行数または列数のどちらかを指定すればよい．行列の方向はデータ(実測度数)の入力順序に合わせて指定する必要がある．

9.2 2×*m* 分割表の解析

■ 2×*m* 分割表

次の分割表は2行3列(合計の列は除く)で構成されているので，2×3分割表という．

	A	B	C
男	f_{11}	f_{12}	f_{13}
女	f_{21}	f_{22}	f_{23}

(注) f_{ij} は度数

この場合も，2×2分割表と同様に独立性の χ^2 検定を適用すればよい．行や列の数が異なっても分割表における χ^2 検定の考え方や検定方法は同じである．

■ 残差分析

独立性の χ^2 検定の結果が有意である場合，2×2分割表は行と列のカテゴリーが2つずつしかないため，解析結果の解釈は難しくないが，行と列の数が3つ以上になる場合は解釈が難しい．このようなときには，調整済み残差を利用すると，どの組合せの度数が多い，または少ないかを調べることができる．

分割表における調整済み残差は，残差(実測度数－期待度数)を残差分散で調整した値で，次式で求められる．

$$調整済み残差 = \frac{残差}{\sqrt{期待度数 \times 残差分散}}$$

この値は正規分布に近似することができるので，絶対値で2(正確には1.96)を基準にして特徴を読み取ることができる．

- ＋2より大きい　→度数が大きい(人数が多い)
- －2より小さい　→度数が大きい(人数が多い)

(注) 残差分散は(1－行合計 ÷ 総合計)×(1－列合計 ÷ 総合計)を求める．

■ 例題 9.2

男 50 名，女 50 名の計 100 名のパネルに，3 つの食品(A，B，C)の中で最も好ましいものを 1 つ選ばせた．この結果を集計した表が次の分割表である．

	A	B	C	合計
男	11	14	25	50
女	23	8	19	50
合計	34	22	44	100

男女で食品の好みに差があるといえるか．

■ データのグラフ化

男性は食品 C，女性は食品 A と C を好む人が多いように見える．

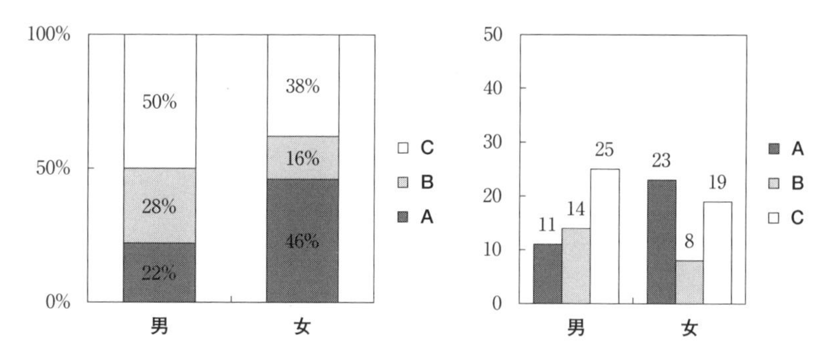

■ 仮説の設定

帰無仮説 H_0：行と列は独立である．※ 性別と食品は関係がない

対立仮説 H_1：行と列は独立でない．※ 性別と食品は関係がある

■ Excel による解析

以下のように集計結果，合計，期待度数，関数を入力する．

	A	B	C	D	E	F
1	実測度数					
2		A	B	C	合計	
3	男	11	14	25	50	
4	女	23	8	19	50	
5	合計	34	22	44	100	
6						
7	期待度数					
8		A	B	C		
9	男	17.0	11.0	22.0		
10	女	17.0	11.0	22.0		
11						
12	P値	0.03526				
13						
14	残差					
15		A	B	C		
16	男	-6.0	3.0	3.0		
17	女	6.0	-3.0	-3.0		
18						
19	残差分散					
20		A	B	C		
21	男	0.330	0.390	0.280		
22	女	0.330	0.390	0.280		
23						
24	調整済み残差					
25		A	B	C		
26	男	-2.533	1.448	1.209		
27	女	2.533	-1.448	-1.209		
28						

[独立性の χ^2 検定]

セル B12：**=CHISQ.TEST(B3:D4, B9:D10)**

※ 各セルの期待度数は以下のように「行の合計 × 列の合計 ÷ 総合計」で求める．

セル B9：**= E3*B5 / E5**　　セル C9：**= E3*C5 / E5**
セル D9：**= E3*D5 / E5**　　セル B10：**= E4*B5 / E5**
セル C10：**= E4*C5 / E5**　　セル D10：**= E4*D5 / E5**

独立性の χ^2 検定を実施するには **CHISQ.TEST** を用いる．関数の形式は次のとおりである．

```
= CHISQ.TEST(実測度数の範囲 , 期待度数の範囲)
```

[調整済み残差]

セル B26：**=B16/SQRT(B9*B21)**
セル C26：**=C16/SQRT(C9*C21)**
セル D26：**=D16/SQRT(D9*D21)**
セル B27：**=B17/SQRT(B10*B22)**
セル C27：**=C17/SQRT(C10*C22)**
セル D27：**=D17/SQRT(D10*D22)**

※ 各セルの残差は，以下のように「実測度数－期待度数」で求める．

セル B16：**= B3-B9**　　セル C16：**= C3-C9**
セル D16：**= D3-D9**　　セル B17：**= B4-B10**
セル C17：**= C4-C10**　　セル D17：**= D4-D10**

※ 各セルの残差分散は(1－行の合計÷総合計)×(1－列の合計÷総合計)で求める．

セル B21：**=(1-E3/E5)*(1-B5/E5)**
セル C21：**=(1-E3/E5)*(1-C5/E5)**
セル D21：**=(1-E3/E5)*(1-D5/E5)**
セル B22：**=(1-E4/E5)*(1-B5/E5)**
セル C22：**=(1-E4/E5)*(1-C5/E5)**
セル D22：**=(1-E4/E5)*(1-D5/E5)**

■Rによる解析

(1) コマンド入力と解析結果

```
> x <- matrix(c(11,14,25,23,8,19),nrow=2,byrow= TRUE)
> result <- chisq.test(x, correct=FALSE)
> result
```

```
        Pearson's Chi-squared test

data:  x
X-squared = 6.6898, df = 2, p-value = 0.03526

> result $stdres
          [,1]      [,2]      [,3]
[1,] -2.533202  1.448414  1.208734
[2,]  2.533202 -1.448414 -1.208734
```

(2) コマンド解説

x <- matrix(c(11,14,25,23,8,19),nrow=2,byrow= TRUE)
分割表を入力して **x** と定義する

result <- chisq.test(x, correct=FALSE)
χ^2 検定を実行して **result** と定義する

result # χ^2 検定の結果を表示する

result $stdres # 調整済み残差を表示する

独立性の χ^2 検定を実施するには **chisq.test** を用いる.

chisq.test(実測度数 **)**

独立性の χ^2 検定における調整済み残差を表示するには, **stdres** を使用して次のようにコマンドを入力する.

〈適合度の χ^2 検定の結果を示す名前〉 **$stdres**

■ 結果の解釈

P 値 = 0.03526 < 0.05 であるから有意である．したがって，H_0 は棄却される．すなわち，「性別（男女）で食品（A，B，C）の好みに差がある」と解釈できる．また，調整済み残差を見ると，女性の食品 A は 2.533202 であり，女性は食品 A を好む人が多いと読み取れる．

9.3 $k \times m$ 分割表の解析

■ $k \times m$ 分割表

次の分割表は4行5列(合計の列は除く)で構成されているので，4×5分割表という．

	A	B	C	D	E
東北	f_{11}	f_{12}	f_{13}	f_{14}	f_{15}
関東	f_{21}	f_{22}	f_{23}	f_{24}	f_{25}
関西	f_{31}	f_{32}	f_{33}	f_{34}	f_{35}
中部	f_{41}	f_{42}	f_{43}	f_{44}	f_{45}

行と列がともに3以上ある分割表の解析も，**9.2節**で示した分割表と同様に独立性の χ^2 検定を適用すればよい．行や列の数が3以上ある分割表を本書では $k \times m$ 分割表と示すことにする．

■ 残差分析

独立性の χ^2 検定の結果が有意である場合，$k \times m$ 分割表も $2 \times m$ 分割表と同様に調整済み残差を用いると，分割表における各セルの特徴を読み取ることができる．

調整済み残差は，絶対値で2を基準にして特徴を読み取る．

- +2より大きい →度数が大きい(人数が多い)
- −2より小さい →度数が大きい(人数が多い)

■ 例題 9.3

8つの地域からパネルを集め，5つの食品(A，B，C，D，E)の中で最も好ましいものを1つ選ばせた．この結果を集計した表が次の8×5分割表である．

	A	B	C	D	E	計
北海道	11	14	15	28	12	80
東北	5	11	32	25	17	90
関東	31	25	10	8	11	85
中部	12	9	11	23	10	65
近畿	10	11	13	15	11	60
中国	7	5	23	10	15	60
四国	9	8	18	6	9	50
九州	23	8	9	11	19	70
計	108	91	131	126	104	560

地域で食品の好みに差があるといえるか．

■ データのグラフ化

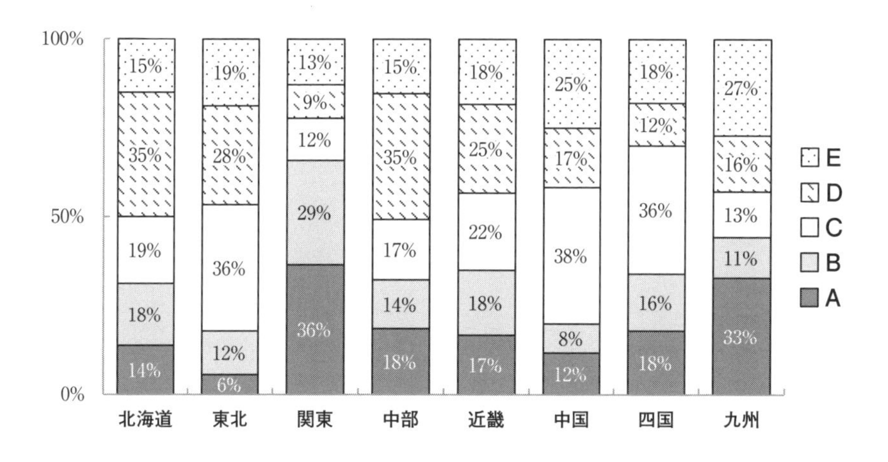

■ 仮説の設定

帰無仮説 H_0：行と列は独立である．　※ 地域と食品は関係がない

対立仮説 H_1：行と列は独立ではない．※ 地域と食品は関係がある

■ Excel による解析

以下のように集計結果，合計，期待度数，関数を入力する．

	A	B	C	D	E	F	G	H
1	実測度数							
2		A	B	C	D	E	合計	
3	北海道	11	14	15	28	12	80	
4	東北	5	11	32	25	17	90	
5	関東	31	25	10	8	11	85	
6	中部	12	9	11	23	10	65	
7	近畿	10	11	13	15	11	60	
8	中国	7	5	23	10	15	60	
9	四国	9	8	18	6	9	50	
10	九州	23	8	9	11	19	70	
11	合計	108	91	131	126	104	560	
12								
13	期待度数							
14		A	B	C	D	E		
15	北海道	15.4	13.0	18.7	18.0	14.9		
16	東北	17.4	14.6	21.1	20.3	16.7		
17	関東	16.4	13.8	19.9	19.1	15.8		
18	中部	12.5	10.6	15.2	14.6	12.1		
19	近畿	11.6	9.8	14.0	13.5	11.1		
20	中国	11.6	9.8	14.0	13.5	11.1		
21	四国	9.6	8.1	11.7	11.3	9.3		
22	九州	13.5	11.4	16.4	15.8	13.0		
23								
24	P値	0.00000						
25								

[独立性の χ^2 検定]

セル B24：= **CHISQ.TEST(B3:F10, B15:F22)**

※ 各セルの期待度数は「行の合計 × 列の合計 ÷ 総合計」で求める．

　セル B15：= **$G3*B$11/$G$11**　セル B15 を他のセルへ複写

独立性の χ^2 検定を実施するには **CHISQ.TEST** を用いる．関数の形式は次のとおりである．

= CHISQ.TEST (実測度数の範囲 **,** 期待度数の範囲 **)**

つづいて，以下のように残差，残差分散，調整済み残差を計算する．

	A	B	C	D	E	F	G
26	残差						
27		A	B	C	D	E	
28	北海道	-4.4	1.0	-3.7	10.0	-2.9	
29	東北	-12.4	-3.6	10.9	4.8	0.3	
30	関東	14.6	11.2	-9.9	-11.1	-4.8	
31	中部	-0.5	-1.6	-4.2	8.4	-2.1	
32	近畿	-1.6	1.3	-1.0	1.5	-0.1	
33	中国	-4.6	-4.8	9.0	-3.5	3.9	
34	四国	-0.6	-0.1	6.3	-5.3	-0.3	
35	九州	9.5	-3.4	-7.4	-4.8	6.0	
36							
37	残差分散						
38		A	B	C	D	E	
39	北海道	0.692	0.718	0.657	0.664	0.698	
40	東北	0.677	0.703	0.643	0.650	0.683	
41	関東	0.685	0.710	0.650	0.657	0.691	
42	中部	0.713	0.740	0.677	0.685	0.720	
43	近畿	0.721	0.748	0.684	0.692	0.727	
44	中国	0.721	0.748	0.684	0.692	0.727	
45	四国	0.735	0.763	0.698	0.706	0.742	
46	九州	0.706	0.733	0.670	0.678	0.713	
47							
48	調整済み残差						
49		A	B	C	D	E	
50	北海道	-1.355	0.327	-1.060	2.892	-0.887	
51	東北	-3.604	-1.131	2.975	1.309	0.085	
52	関東	4.360	3.572	-2.750	-3.138	-1.449	
53	中部	-0.179	-0.559	-1.311	2.646	-0.703	
54	近畿	-0.544	0.463	-0.334	0.491	-0.050	
55	中国	-1.583	-1.759	2.893	-1.145	1.355	
56	四国	-0.241	-0.050	2.207	-1.863	-0.109	
57	九州	3.077	-1.169	-2.226	-1.453	1.971	
58							

[調整済み残差]

① 各セルの残差は，以下のように「実測度数－期待度数」で求める．

セル B28：**=B3-B15**

セル B28 をセル B28 からセル F35 へ複写

② 各セルの残差分散は(1 －行合計 ÷ 総合計)×(1 －列合計 ÷ 総合計)で求める．

セル B39：**=(1-$G3/$G$11)*(1-B$11/$G$11)**

セル B39 をセル B39 からセル F46 へ複写

③ 各セルの調整済み残差は次のようになる．

セル B50：**=B28/SQRT(B15*B39)**

セル B50 をセル B50 からセル F57 へ複写

■ R による解析

(1) コマンド入力と解析結果

```
> x <- matrix(c(11,14,15,28,12,5,11,32,25,17,31,25,10,8,11,12,9,11,
+ 23,10,10,11,13,15,11,7,5,23,10,15,9,8,18,6,9,23,8,9,11,19),nrow=8,byrow= TRUE)
> result <- chisq.test(x)
> result
```

```
        Pearson's Chi-squared test

data:  x
X-squared = 99.995, df = 28, p-value = 5.074e-10

> result $stdres
           [,1]        [,2]       [,3]       [,4]        [,5]
[1,] -1.3554983  0.32734771 -1.0595646  2.8919201 -0.88725671
[2,] -3.6037017 -1.13060981  2.9752263  1.3088062  0.08453659
[3,]  4.3602356  3.57150863 -2.7497365 -3.1375861 -1.44935058
[4,] -0.1791327 -0.55877333 -1.3105734  2.6459245 -0.70273832
[5,] -0.5441705  0.46293958 -0.3342698  0.4907751 -0.05019082
[6,] -1.5830413 -1.75917039  2.8931624 -1.1451419  1.35515211
[7,] -0.2414601 -0.05021285  2.2066545 -1.8631212 -0.10887917
[8,]  3.0766457 -1.16896536 -2.2260387 -1.4534445  1.97145623
```

(2) コマンド解説

```
x <- matrix(c(11,14,15,28,12,5,11,32,25,17,31,25,10,8,
              11,12,9,11,23,10,10,11,13,15,11,7,5,23,
              10,15,9,8,18, 6,9,23,8,9,11,19),nrow=8,
              byrow= TRUE)
                                # 分割表を入力して x と定義する
result <- chisq.test(x)         # χ2 検定を実行して result と定義する
result                          # χ2 検定の結果を表示する
result $stdres                  # 調整済み残差を表示する
```

独立性の χ2 検定を実施するには **chisq.test** を用いる．

```
chisq.test( 実測度数 )
```

■ 結果の解釈

P 値＜0.05 であるから有意である．したがって，H_0 は棄却される．すなわち，「地域で食品(A，B，C，D，E)の好みに差がある」と解釈できる．調整済み残差を見ると，次のような特徴を読み取ることができる．

- 北海道は D を好む人が多い．
- 東北は C を好む人が多く，A を好む人が少ない．
- 関東は A と B を好む人が多く，C と D を好む人が少ない．
- 中部は D を好む人が多い．
- 中国は C を好む人が多い．
- 四国は C を好む人が多い．
- 九州は A を好む人が多く，C を好む人が少ない．

なお，行数が 8，列数が 5 であるこの例のように，比較的大きな分割表の場合，調整済み残差を読み取る作業は労力を要するので，行と列の関係性を視覚的に表現する手法である，コレスポンデンス分析(対応分析，数量化理論Ⅲ類)

を併用するとよい.

コレスポンデンス分析は多変量解析と呼ばれる手法の一つであり, Excel では実施することができない. そこで, R を用いた結果を以下に示す.

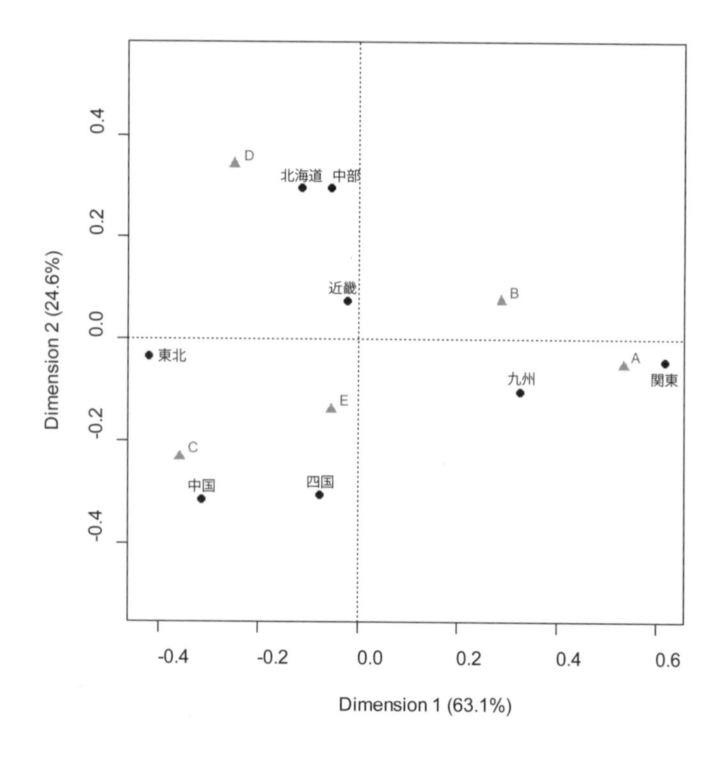

列のカテゴリーの割合が似ている行のカテゴリー同士は近くに位置し, また, 行のカテゴリーの割合が似ている列のカテゴリー同士は近くに位置する. 好みの特徴の少ないカテゴリー(近畿や E)は原点近くに位置する.

■ R による解析

R でコレスポンデンス分析を実施する方法を次に示す.

(1) コマンド入力と解析結果

```
> x <- matrix(c(11,14,15,28,12,5,11,32,25,17,31,25,10,8,11,12,9,11,
+ 23,10,10,11,13,15,11,7,5,23,10,15,9,8,18,6,9,23,8,9,11,19),nrow=8,byrow= TRUE)
> rownames(x) <-c("北海道","東北","関東","中部","近畿","中国",
+ "四国","九州")
> colnames(x) <-c("A","B","C","D","E")
> result <- ca(x)
> result
```

```
 Principal inertias (eigenvalues):
           1        2        3        4
Value      0.112671 0.043929 0.020899 0.001064
Percentage 63.1%    24.6%    11.7%    0.6%


 Rows:
          北海道     東北      関東      中部      近畿      中国
Mass      0.142857  0.160714  0.151786  0.116071  0.107143  0.107143
ChiDist   0.319966  0.428258  0.640888  0.317890  0.101537  0.448850
Inertia   0.014625  0.029476  0.062344  0.011729  0.001105  0.021586
Dim. 1   -0.341892 -1.256862  1.834119 -0.164280 -0.070195 -0.938584
Dim. 2    1.416438 -0.153892 -0.197973  1.414262  0.359175 -1.495516
          四国      九州
Mass      0.089286  0.125000
ChiDist   0.343534  0.466138
Inertia   0.010537  0.027161
Dim. 1   -0.232777  0.963037
Dim. 2   -1.455802 -0.479908


 Columns:
                 A        B         C         D         E
Mass      0.192857 0.162500  0.233929  0.225000  0.185714
ChiDist   0.543096 0.388652  0.437073  0.426258  0.249532
Inertia   0.056884 0.024546  0.044688  0.040882  0.011564
Dim. 1    1.589549 0.855756 -1.065140 -0.741055 -0.159988
Dim. 2   -0.237305 0.361982 -1.105459  1.634922 -0.658620
> plot(result)
```

(2) コマンド解説

```
install.packages("ca")       # パッケージ ca をインストールする
library(ca)                  # ライブラリ ca を読み込む
x <- matrix(c(11,14,15,28,12,5,11,32,25,17,31,25,10,8,
              11,12,9,11,23,10,10,11,13,15,11,7,5,23,
              10,15,9,8,18,6,9,23,8,9,11,19),nrow=8,
              byrow= TRUE)
                             # 分割表を入力して x と定義する
rownames(x) <-c(" 北海道 "," 東北 "," 関東 "," 中部 "," 近畿 ",
                " 中国 "," 四国 "," 九州 ")
                             # 行のカテゴリーに名前を付ける
colnames(x) <-c("A","B","C","D","E")
                             # 列のカテゴリーに名前を付ける
result <- ca(x)
               # コレスポンデンス分析を実行して result と定義する
result         # コレスポンデンス分析の結果を表示する
plot(result)   # コレスポンデンス分析の結果を視覚化する
```

コレスポンデンス分析を実施するには **ca** を用いる.

```
ca( マトリクス形式のデータ )
```

コレスポンデンス分析の結果を視覚化するには **plot** を使用して次のようにコマンドを入力する.

```
plot( コレスポンデンス分析の実行結果に定義した名前 )
```

第10章

統計解析のいろいろ

この章では官能評価の解析において，多変量解析などの発展的な手法をどのような場面で適用するかを紹介する．また，マーケティングの分野でよく見られるものの，一般的には見ることが少ないデータ収集の方法と，その解析方法を紹介する．

10.1 多変量解析の活用

■ 多変量データ

美容液を「さっぱり感」,「しっとり感」,「べたつき」,「香り」,「総合」,「満足感」の６つの評価項目で評価した結果を整理したものが次のデータ表である.

データ表

パネル	香り	さっぱり感	しっとり感	べたつき	総合	満足感
1	2	3	4	3	2	不満
2	6	6	4	2	3	不満
3	7	5	6	5	5	不満
4	6	5	4	5	5	不満
5	4	6	3	5	5	不満
6	6	5	5	5	5	不満
7	5	6	5	6	7	満足
8	3	1	2	1	1	不満
9	1	5	4	6	5	不満
10	6	4	1	5	5	不満
11	3	4	4	5	4	不満
12	6	5	5	6	6	満足
13	5	7	6	7	7	満足
14	4	6	5	6	7	満足
15	4	5	5	5	5	不満
16	4	5	3	4	4	不満
17	4	6	5	5	6	満足
18	5	7	7	7	7	満足
19	5	5	4	5	5	不満
20	5	5	5	6	6	満足

上記のデータ表における評価項目のことを変数と呼んでいる．変数が３つ以上あるデータを多変量データと呼んでいる．多変量データを解析するための統計的方法として多変量解析がある．多変量解析で用いる変数は量的変数と質的変数に分類される．量的変数とは上記の表でいえば,「香り」,「さっぱり感」,「しっとり感」,「べたつき」,「総合」のように，数値データで構成される変数であり，質的変数とは「満足感」のように，数値では表現できないデータで構成される変数である.

(注) 厳密な定義では，量的変数は間隔尺度と比例尺度のデータで構成される変数で，質的変数は名義尺度と順序尺度のデータで構成される変数である．この定義からすると，「香り」や「さっぱり感」などを5段階評価したデータは順序尺度に属するので，これらの変数は質的変数ということになる．しかし，ここでは間隔尺度とみなして，量的変数として扱うことにする．

■ 重回帰分析の活用

「総合」の評価結果を「香り」，「さっぱり感」，「しっとり感」，「べたつき」の4つの評価結果で説明するような関係式を構築することを目的として解析するときに使用されるのが重回帰分析である．重回帰分析では次のような関係式を想定する．

$$「総合」= b_0 + b_1 \times「香り」 + b_2 \times「さっぱり感」 + b_3 \times「しっとり感」 + b_4 \times「べたつき」$$

この式を回帰式と呼び，b_0 を定数項，b_1，b_2，b_3，b_4 を偏回帰係数と呼んでいる．重回帰分析を実施することで，b_0，b_1，b_2，b_3，b_4 の具体的な数値を決めることができる．回帰式が決まれば，「総合」という変数の値を，4つの変数の値で予測できるようになる．「総合」のように予測される変数を目的変数，予測するのに使う4つの変数を説明変数と呼んでいる．重回帰分析では，目的変数は量的変数でなければならない．

■ ロジスティック回帰分析の活用

「総合」の評価結果を予測するような式をつくるのが重回帰分析のねらいであったが，「満足感」のあり，なしを予測するような式をつくりたいというときには，重回帰分析ではなく，ロジスティック回帰分析を使うことになる．ロジスティック回帰分析を適用することで，満足となる，あるいは不満となる確率を予測することが可能になる．ロジスティック回帰分析は，目的変数が質的変数のときに使う分析方法であると考えればよい．なお，ロジスティック回帰分析と同じねらいで使われる手法として判別分析という手法もあり，この手法も官能評価の分野ではよく使われている．

■ 主成分分析の活用

最初に例として取り上げたデータ表において,「総合」と「満足感」が存在しないものとしよう.このときには,予測したい変数は存在しない.このようなときには,行要素(この例ではパネル)をグループ分けすることが解析のねらいとなる.このねらいを達成するときに用いられる手法として主成分分析がある.主成分分析を実施すると,変数を統合した新たな変数(これを主成分と呼ぶ)を作り出すことができる.その統合した変数の値を使って,パネルをグループ分けすることが行われる.このことにより,どの評価者同士が採点のしかたが似ているかというようなことを発見することができる.なお,主成分分析を適用できる変数は量的変数である.

ちなみに,グループ分けをねらいとした手法としては,主成分分析のほかに,因子分析やクラスター分析と呼ばれる手法がある.

■ コレスポンデンス分析の活用

コレスポンデンス分析は**第9章**の分割表のところで紹介しているが,コレスポンデンス分析は次のデータに適用可能である.

① 分割表のデータ

② 01型のデータ(二値データ)

③ 質的データだけからなる多変量データ

コレスポンデンス分析は適用範囲の広い多変量解析の手法であり,官能評価データの解析においても極めて有効な手法である.

10.2　CATAデータの解析

■CATA法

官能評価の分野でよく用いられるデータ収集方法の一つに，CATA(Check-All-That-Apply)法がある．この方法は最初に試料を特徴づける複数の特性を事前に決めることから始める．次に，実際に試料を評価して，先に決めておいた特性の中で強く感じるものを選定する．このとき，該当する特性はいくつ選定してもよいとするものである．例えば，ハンドクリームを提示して，「なめらか」，「すべすべ」，「しっとり」，「つやつや」，「さらさら」の感触のうち，強く感じる特性にチェック(✓)を付けてもらうという方法である．この方法によって，例えば，4種類のハンドクリームについて，10人のパネルに評価してもらうと，次のようなデータ表(1)が得られるであろう．

データ表(1)

クリーム	パネル	なめらか	すべすべ	しっとり	つやつや	さらさら
A	1	✓				
A	2	✓				
A	3	✓				
A	4	✓	✓			
A	5	✓	✓	✓		
A	6	✓	✓	✓		
A	7	✓	✓	✓	✓	
A	8	✓			✓	
A	9				✓	✓
A	10				✓	✓
B	1		✓	✓		✓
B	2		✓			✓
B	3		✓			✓
B	4		✓			✓
B	5		✓			✓
B	6		✓			✓
B	7	✓	✓	✓		✓
B	8	✓	✓	✓	✓	
B	9			✓	✓	
B	10			✓		
C	1		✓	✓		
C	2	✓	✓	✓	✓	
C	3	✓			✓	
C	4				✓	
C	5				✓	
C	6				✓	
C	7				✓	
C	8	✓			✓	✓
C	9				✓	✓
C	10				✓	✓

この表のチェックが付いているところを1，付いていないところを0とすると，データ表(1)はデータ表(2)のように表現することができよう．

データ表(2)

クリーム	パネル	なめらか	すべすべ	しっとり	つやつや	さらさら
A	1	1	0	0	0	0
A	2	1	0	0	0	0
A	3	1	0	0	0	0
A	4	1	1	0	0	0
A	5	1	1	1	0	0
A	6	1	1	1	0	0
A	7	1	1	1	1	0
A	8	1	0	0	1	0
A	9	0	0	0	1	1
A	10	0	0	0	1	1
B	1	0	1	1	0	1
B	2	0	1	0	0	1
B	3	0	1	0	0	1
B	4	0	1	0	0	1
B	5	0	1	0	0	1
B	6	0	1	0	0	1
B	7	1	1	1	0	1
B	8	1	1	1	1	0
B	9	0	0	1	1	0
B	10	0	0	1	0	0
C	1	0	1	1	0	0
C	2	1	1	1	1	0
C	3	1	0	0	1	0
C	4	0	0	0	1	0
C	5	0	0	0	1	0
C	6	0	0	0	1	0
C	7	0	0	0	1	0
C	8	1	0	0	1	1
C	9	0	0	0	1	1
C	10	0	0	0	1	1

■ コクランのQ検定

コクランのQ検定(Cochran's Q test)は，0と1で表現されるような二値データについて，1の数(または0の数)がグループ間で等しいかどうかを調べる検定である．CATA法で先のデータ表(2)のようなデータが得られたならば，特性(評価用語)ごとにコクランのQ検定を適用すると，試料間に特性の差があるかどうかを検証することができる．例えば，「なめらか」に注目して，試料とパネルのデータ表に書き直すと，データ表(3)が得られる．このデータにコクランのQ検定を適用することで，「なめらか」の感じ方に試料間で差があるかどうかを検証するのである．

データ表(3)

なめらか パネル	A	B	C
1	1	0	0
2	1	0	1
3	1	0	1
4	1	0	0
5	1	0	0
6	1	0	0
7	1	1	0
8	1	1	1
9	0	0	0
10	0	0	0

■ コレスポンデンス分析の適用

データ表(2)を集計して，次のような二元の集計表を作成する．

		特性				
		なめらか	すべすべ	しっとり	つやつや	さらさら
試料	A	8	4	3	4	2
	B	2	8	5	2	7
	C	3	2	2	9	3

集計表内の数値は1を付けた人数である．この集計表に対してコレスポンデンス分析を適用すると，次のような試料と用語の布置図を作成することができ，試料と特性の関係を視覚的に把握できる．

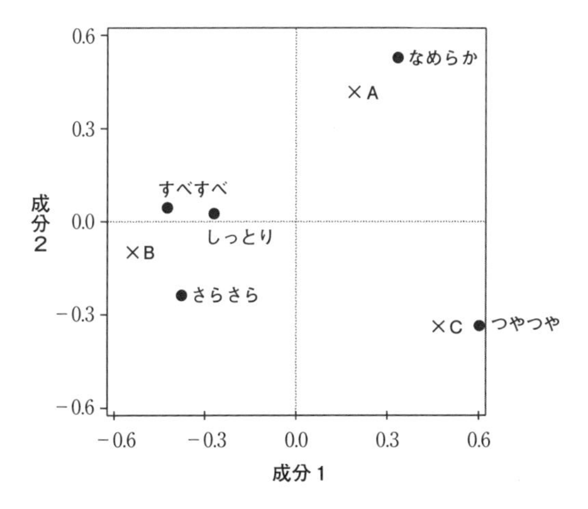

10.3 JARデータの解析

■JAR尺度

いま，トマトの品質について，「おいしさ」と「酸味」の2つの特性について，評価することを考える．それぞれの特性の尺度を次のようにして，5段階評価による採点法を使うとしよう．

〈おいしさ〉

1 非常にまずい
2 まずい
3 普通
4 おいしい
5 非常においしい ⬅ベスト

〈酸味〉

1 非常に強い
2 強い
3 ちょうどよい ⬅ベスト
4 弱い
5 非常に弱い

このようなときに，「おいしさ」と「酸味」の関係を統計的指標の相関係数で評価しようとすると，相関係数の値が0に近くなり，無関係であるという結論になることがある．それは「おいしさ」は1から5に従って，良い評価になるのに対して，「酸味」は3に向かうほど良い評価になるためである．「酸味」の好感度を聞くのではなく，この例のように，「酸味」の強さ，いわゆる「刺激の強度」を聞くときの尺度は，中間を好ましいとすることが多くなる．このように，段階評価したときの中間が最も好ましくなるような尺度をJAR尺度と呼んでいる．JARとはJust About Rightの略である．JAR尺度で得られるデータは順序尺度としての性質をもたないため，解析するときに注意する必要がある．

■ JAR 尺度の扱い

JAR 尺度を扱う方法としては，次のような方法が考えられる．

① 順序性をもたない血液型のような名義尺度として扱う．

② 順序性のある尺度との関係は尺度を変換して扱う．

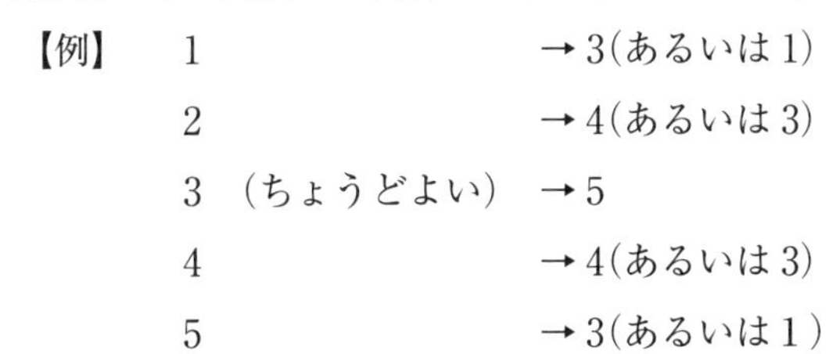

【例】

1		→3(あるいは1)
2		→4(あるいは3)
3	(ちょうどよい)	→5
4		→4(あるいは3)
5		→3(あるいは1)

③ 順序性のある尺度の関係は2乗して扱う．

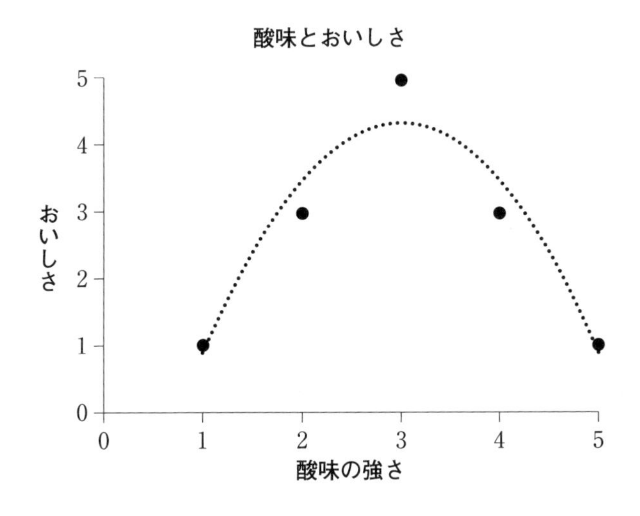

なお，複数のJAR 尺度で評価した項目と，順序性のある尺度で評価した総合評価(5段階に限らず，10段階でもかまわない)との関係を分析する手法として，「ペナルティ分析」と呼ばれる方法も提唱されている．

参考文献

[1] David Kilcast (2010)：*Sensory Analysis for Food and Beverage Quality Control: A Practical Guide* (Woodhead Publishing Series in Food Science, Technology and Nutrition), Woodhead Publishing.

[2] Tormod Næs, Paula Varela, Ingunn Berget (2018)：*Individual Differences in Sensory and Consumer Science: Experimentation, Analysis and Interpretation* (Woodhead Publishing Series in Food Science, Technology and Nutrition), Woodhead Publishing.

[3] Sarah E. Kemp, Joanne Hort, *et al.* (2018)：*Descriptive Analysis in Sensory Evaluation*, Wiley-Blackwell.

[4] John A. Bower (2013)：*Statistical Methods for Food Science: Introductory Procedures for the Food Practitioner*, Blackwell Pub.

[5] Rebecca Bleibaum (2021)：*Descriptive Analysis Testing for Sensory Evaluation: MNL13-2nd*, ASTM.

[6] Jean-François Meullenet, Rui Xiong, *et al.* (2007)：*Multivariate and Probabilistic Analyses of Sensory Science Problems* (Institute of Food Technologists Series), Wiley-Blackwell.

[7] Herbert Stone, Rebecca N. Bleibaum, *et al.* (2020)：*Sensory Evaluation; 5th ed.*, Practices, Academic Press.

[8] David H. Lyon (2013)：*Guidelines for Sensory Analysis in Food Product Development and Quality Control*, Springer.

[9] T. Nae, E. Risvik (1996)：*Multivariate Analysis of Data in Sensory Science* (Volume 16) (Data Handling in Science and Technology, Volume 16), Elsevier Science.

[10] Gail Vance Civille, B. Thomas Carr (2015)：*Sensory Evaluation Techniques*, CRC Press.

[11] Sebastien Le, Thierry Worch (2014)：*Analyzing Sensory Data with R*, Chapman & Hall/CRC.

[12] Herbert Stone, Joel L. Sidel (2004)：*Sensory Evaluation Practices (Food Science and Technology); 3rd ed.*, Academic Press.

[13] Jian Bi (2015)：*Sensory Discrimination Tests and Measurements: Sensometrics in Sensory Evaluation; 2nd ed.,* Wiley.
[14] Morten C. Meilgaard, B. Thomas Carr, *et al.* (1991)：*Sensory Evaluation Techniques; 2nd ed.,* CRC Press.
[15] Per Lea, Tormod Naes, Marit Rooten (1997)：*Analysis of Variance for Sensory Data,* John Wiley & Sons; Illustrated 版.
[16] Herbert Stone, Rebecca N. Bleibaum, *et al.* (2012)：*Sensory Evaluation Practices (Food Science and Technology) ; 4th ed.,* Academic Press.
[17] Jean-François Meullenet, Rui Xiong, *et al.* (2007)：*Multivariate and Probabilistic Analyses of Sensory Science Problems* (Institute of Food Technologists Series), Wiley-Blackwel.
[18] T. Naes, E. Risvik (1996)：*Multivariate Analysis of Data in Sensory Science* (Volume 16) (Data Handling in Science and Technology, Volume 16), Elsevier Science.
[19] ISO (1988)：*ISO 8587：Sensory analysis-Methodology-Ranking.*
[20] ISO (2017)：*ISO 8588：Sensory analysis-Methodology- "A"-"notA" test.*
[21] 古川秀子(1994)：『おいしさを測る：食品官能検査の実際』，幸書房.
[22] 古川秀子・上田玲子(2019)：『改訂 続 おいしさを測る』，幸書房.
[23] 佐藤信(1978)：『官能検査入門』，日科技連出版社.
[24] 佐藤信(1985)：『統計的官能検査法』，日科技連出版社.
[25] 神宮英夫・笠松千夏・國枝里美・和田有史(編著)(2016)：『実践事例で学ぶ官能評価』，日科技連出版社.
[26] 和田孝介(1998)：『香粧品官能検査の知恵：クレーム0への挑戦』，幸書房.
[27] 井上裕光(2012)：『官能評価の理論と方法：現場で使う官能評価分析』，日科技連出版社.
[28] 内田治・平野綾子(2012)：『官能評価の統計解析』，日科技連出版社.
[29] ペル・リー(著)，内田治・秋田カオリ(共訳)(2010)：『官能評価データの分散分析：パネルを使った実験の計画から解析まで』，東京図書.
[30] 天坂格郎・長沢伸也(2000)：『官能評価の基礎と応用：自動車における感性のエンジニアリングのために』，日本規格協会.
[31] 阿部啓子・石丸喜朗(2023)：『おいしさの科学的評価・測定法と応用展開《普及版》(食品)』，シーエムシー出版.
[32] 大越ひろ・神宮英夫(2009)：『食の官能評価入門』，光生館.
[33] 松本仲子(2012)：『調理と食品の官能評価』，建帛社.

索　引

[た行]

[な　行]

[は　行]

著者紹介

内田　治（うちだ　おさむ）

東京情報大学，東京農業大学，日本女子大学大学院非常勤講師

【専門分野】

統計解析，多変量解析，実験計画法，品質管理，データマイニング，アンケート調査，官能評価

【著書】

『例解データマイニング入門』（日本経済新聞社，2002）
『グラフ活用の技術』（PHP 研究所，2005）
『すぐわかる EXCEL による品質管理［第 2 版］』（東京図書，2004）
『数量化理論とテキストマイニング』（日科技連出版社，2010）
『相関分析の基本と活用』（日科技連出版社，2011）
『官能評価の統計解析』（日科技連出版社，2012）
『主成分分析の基本と活用』（日科技連出版社，2013）
『ビジュアル品質管理の基本［第 5 版］』（日本経済新聞社，2016）
『改善に役立つ Excel による QC 手法の実践 Excel 2019 対応』（日科技連出版社，2019）
『QC 検定 3 級　品質管理の手法 30 ポイント』（日科技連出版社，2010）
『【新レベル表対応版】QC 検定 2 級　品質管理の手法 50 ポイント』（日科技連出版社，2021）
『【新レベル表対応版】QC 検定 1 級　品質管理の手法 70 ポイント』（日科技連出版社，2019）
『アンケート調査の計画と解析』（日科技連出版社，2022）
『IATF 16949 のための統計的品質管理』（日科技連出版社，2023）
他

官能評価の計画と解析

2024年6月12日　第1刷発行

著　者　内　田　　　治
発行人　戸　羽　節　文

検　印
省　略

発行所　株式会社　日科技連出版社
〒151-0051　東京都渋谷区千駄ヶ谷5-15-5
DSビル
電　話　出版　03-5379-1244
営業　03-5379-1238

Printed in Japan　　印刷・製本　河北印刷株式会社

ISBN978-4-8171-9794-8
URL https://www.juse-p.co.jp/

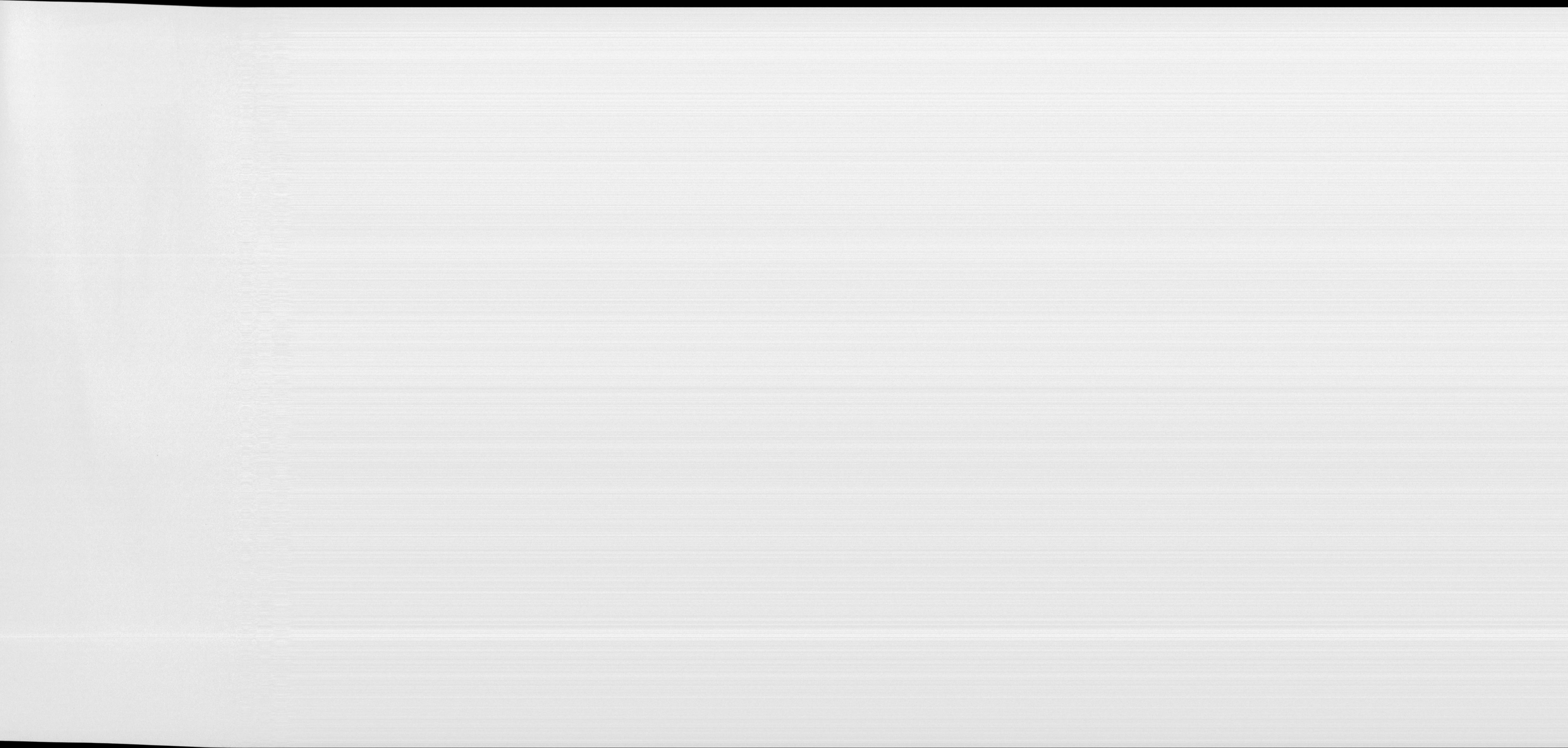